Motivieren

GABAL

Motivieren

Wie Sie aus sich und anderen das Beste herausholen

GAVIN INGHAM

A Dorling Kindersley Book
www.dk.com

Bibliografische Information der Deutschen Nationalbibliothek
Die Deutsche Nationalbibliothek verzeichnet diese Publikation in der Deutschen Nationalbibliografie; detaillierte bibliografische Informationen sind im Internet über http://dnb.d-nb.de abrufbar.

Titel der englischen Originalausgabe: Motivate People. Get the best from yourself and others

ISBN 978-3-89749-856-3

Übersetzung: Nikolas Bertheau, Hamburg
Lektorat: Anke Schild, Hamburg
Satz: Das Herstellungsbüro, Hamburg, www.buch-herstellungsbuero.de
Umschlaggestaltung: Martin Zech, www.martinzech.de

www.gabal-verlag.de

Inhalt

Einführung

Ob als Teamleiter, Manager oder Arbeitskollege – die Fähigkeit, Menschen zu motivieren, ist eine wichtige Voraussetzung für die Verwirklichung Ihrer beruflichen und persönlichen Ziele. Wer erfolgreich sein will, muss in der Lage sein, sich und andere zu motivieren und diese Motivation über einen längeren Zeitraum aufrechtzuerhalten.

Was den einen motiviert, lockt den anderen noch lange nicht hinterm Ofen hervor, und so scheitern viele Manager an der Aufgabe, gleich ein ganzes Team von Mitarbeitern zu motivieren. Dieses Büchlein wird Sie mit Strategien und Techniken vertraut machen, mit denen Sie die Menschen in Ihrem Umkreis kurz- und langfristig motivieren können. Zwar zielt es in erster Linie auf berufliche Kontexte, aber die entsprechenden Techniken können natürlich auch im Privatleben genutzt werden.

Die beste Motivation ist Hilfe zur Selbsthilfe.

Warum fühlt sich der eine von einer Aufgabe motiviert, die den anderen kaltlässt? Wie kommt es, dass der eine seine Emotionen besser kontrollieren kann als der andere? Wie können Sie individuelle Motivationsblockaden beseitigen? Mithilfe dieses Büchleins werden Sie entdecken, was den Menschen wirklich wichtig ist und wie Sie sie nachhaltig motivieren können. Lernen Sie, Ihrem Team anspruchsvolle Ziele zu setzen und Strukturen zu schaffen, die für eine verlässliche Motivationsatmosphäre sorgen. Wichtige Faktoren sind die Balance zwischen Arbeit und Freizeit, Schulungen, Entwicklung sowie persönliches Wachstum. Sie werden erfahren, wie Sie motivierte Mitarbeiter in Ihr Unternehmen locken, wie Sie sie betreuen und ihnen das Gefühl vermitteln, geschätzt zu sein, und wie Sie sie belohnen, langfristig motivieren und an Ihr Unternehmen binden. Menschen sind motivierter, solange sie sich verstanden fühlen. Es ist wichtig, dass Sie die Mitarbeiter in Ihrem Team verstehen und auch latente Hinweise heraushören. Indem Sie sich auf die elementaren Qualitäten eines Coachs und Managers besinnen, wird es Ihnen gelingen, Ihre Mitarbeiter nachhaltig zu motivieren.

Sobald die Menschen erkennen, was ihrer Motivation zu- beziehungsweise abträglich ist, fühlen sie sich ermutigt, Verantwortung für ihre eigene Motivation zu übernehmen.

Bestandsaufnahme

Dieser Selbsttest will Ihnen helfen, sich ein Bild davon zu machen, wie gut es Ihnen gelingt, Menschen zu motivieren, und Ihnen neue Einsichten vermitteln. Egal, ob Sie in der Kunst des Motivierens bereits bewandert sind oder sich gerade erst die Grundlagen aneignen wollen, Sie profitieren am meisten von diesem Test, wenn Sie ihn zweimal durchführen – einmal vor der Lektüre des Buches und einmal, nachdem Sie es gelesen und insbesondere die Übungen gemacht haben.

Vorher Nachher

1 **Was wirkt sich negativ auf Ihre Motivation aus?** ☐ ☐

A Menschen und Umstände ärgern oder nerven mich.
B Ich erhalte nicht die Ergebnisse, die ich mir wünsche.
C Ich übernehme nicht selbst Verantwortung für meine Motivation.

2 **Warum ist Ihr Team nicht immer so motiviert, wie Sie es sich wünschen?** ☐ ☐

A Meine Mitarbeiter sind von Natur aus träge und zu wenig an ihrer Arbeit interessiert.
B Jeder hat mal schlechte Tage; daran kann man nichts ändern.
C Ich nehme mir nicht genug Zeit, um meine Mitarbeiter wirklich zu verstehen und ihnen bei der Steigerung ihrer Motivation zu helfen.

3 **Wie konzentriert hören Sie zu, wenn andere Ihnen etwas erzählen?** ☐ ☐

A Ich erledige stets mindestens zwei Dinge zugleich; folglich notiere ich mir dies und das oder sortiere meinen Schreibtisch, während ich zuhöre.
B Ich höre so lange zu, wie ich benötige, um mir ein Bild zu machen.
C Ich konzentriere mich ganz auf meinen Gesprächspartner, um zu verstehen, was er mir sagen will.

4 **Welchen Grund sollte jemand haben, bei seiner Arbeit Motivation zu entwickeln?** ☐ ☐

A Mangelnde Motivation wird mit Sanktionen bestraft.
B Die Arbeit ist nun einmal das, was einen im Leben weiterbringt.
C Der Beruf bietet die Chance, persönliche Ziele zu verwirklichen.

	Vorher	Nachher

5 **Wie werden Fehler in Ihrem Unternehmen gesehen?**

A Fehler gilt es zu vermeiden. Wir arbeiten nicht, um Fehler zu machen.

B Jüngeren Mitarbeitern werden Fehler nachgesehen, von Altgedienten wird jedoch erwartet, dass sie Fehler vermeiden.

C Als Lernerfahrung. Fortschritt ist ohne Fehler nicht möglich.

6 **Wie stehen die Mitglieder Ihres Teams zu Feedback?**

A Sie vermeiden Feedback und reagieren abwehrend auf das Feedback anderer.

B Sie hören höflich zu, ziehen jedoch selten Konsequenzen.

C Sie begrüßen es, weil sie es als Ermutigung und Hilfe empfinden und als Spiegel nutzen, um ihren eigenen Fortschritt zu messen.

7 **Worauf gründen Sie Ihren alltäglichen Motivationsansatz?**

A Er hängt davon ab, wie ich mich gerade fühle und was mir für mein Team als angemessen erscheint.

B Ich gebe im Prinzip die Motivation weiter, die ich selbst von meinem Vorgesetzten erhalte.

C Ich habe ein ausgeklügeltes Motivationssystem, das ich sorgfältig auf meine Mitarbeiter zugeschnitten habe.

8 **Was halten Sie von Zielvorgaben?**

A Ich setze mir keine Ziele – das ist vergebliche Liebesmüh.

B Ich setze mir bei manchen Aktivitäten Ziele, schreibe sie aber meist nicht auf.

C Ich habe klar formulierte und schriftlich festgehaltene Ziele, die ich regelmäßig überprüfe.

9 **Wie finden Sie die richtigen Mitarbeiter für Ihr Team?**

A Ich verlasse mich auf Glück und Bauchgefühl.

B Ich verfahre zumeist nach dem Trial-and-Error-Prinzip.

C Ich betreibe die Mitarbeiterrekrutierung nach einem verlässlichen System.

10 **Was halten Sie von Schulungen und Coaching?**

A Schulungen sind verlorene Zeit; sie entsprechen nicht den Herausforderungen, die mein Team im Alltag bestehen muss.

B Eine Schulung sollte angesetzt werden, wenn die Mitarbeiter sich mit etwas Neuem wie beispielsweise einem neuen Computersystem vertraut machen müssen.

C Konsequente und regelmäßige Schulungen sind ein wesentlicher Bestandteil der Mitarbeitermotivation.

Vorher Nachher

11 **Warum veranstalten Sie regelmäßige Besprechungen?**

A Ich verzichte auf derartige Veranstaltungen.

B Um meinen Mitarbeitern Feedback zu ihrer Leistung zu geben, sie auf Kurs zu halten und ihnen die notwendigen Anweisungen zu erteilen.

C Zwecks Fortbildung, Motivation und Inspiration; um die Mitarbeiter über den Fortschritt und die Ziele auf dem Laufenden zu halten und Unternehmensneuigkeiten mitzuteilen; um ihnen die Möglichkeit zu geben, sich mit Kollegen über Probleme und Ideen auszutauschen und sich gemeinsam für das Unternehmen zu engagieren.

12 **Was halten Sie von Gratifikationen und Prämien?**

A Ich finde, die Mitarbeiter sollten für eine Tätigkeit, für die sie bereits ein regelmäßiges Gehalt beziehen, nicht noch zusätzlich belohnt werden.

B Für außergewöhnliche Leistungen sind gelegentliche Prämien durchaus in Ordnung.

C Ich weiß, was meinen Teammitgliedern wichtig ist, und ich ermuntere sie regelmäßig durch Prämien und Lob.

13 **Ich bin Manager meines Teams, weil ich ...**

A ... am besten qualifiziert bin und am meisten weiß.

B ... am längsten dabei bin und regelmäßig die besten Resultate erziele.

C ... über die besondere Fähigkeit verfüge, Menschen zuzuhören und ihnen dabei zu helfen, sich selbst zu motivieren.

14 **Wie reagieren Sie, wenn etwas schiefgeht?**

A Jeder sucht nach einem Sündenbock, dem er die Schuld in die Schuhe schieben kann.

B Wir analysieren die Situation sorgfältig, bevor einer die Verantwortung übernimmt.

C Wir konzentrieren uns mit aller Kraft auf das Ziel.

Gesamt

	A	B	C
Vorher			
Nachher			

Auswertung

Überwiegend A-Antworten

Diese Antworten lassen darauf schließen, dass Sie sich für Motivationsfragen nicht zuständig fühlen – weder für Ihre eigene Motivation noch für die Motivation anderer. Sie fühlen sich regelmäßig im Recht und versuchen gar nicht erst, andere zu verstehen. Sie bereiten sich nicht hinreichend auf Schwierigkeiten und Probleme vor. Sie können die Situation verbessern, indem Sie die Ratschläge dieses Büchleins befolgen und die Übungen machen. Beginnen Sie mit kleinen erreichbaren Zielen, um rasch erste Erfolgserlebnisse zu haben. Nutzen Sie diese als Ansporn, um sich zu höheren Zielen aufzuschwingen.

Überwiegend B-Antworten

Motivation ist vermutlich nicht Ihre Stärke. Ihr Team liefert mit Sicherheit die eine oder andere gute Leistung ab, und Ihre B-Antworten bewegen sich durchaus im Bereich des Normalen. Bisweilen sind Sie jedoch mit dem Motivationsgrad Ihres Teams alles andere als zufrieden. Achten Sie bei der Lektüre dieses Büchleins besonders auf jene Themenbereiche, von denen Sie am meisten zu profitieren hoffen. Machen Sie die Übungen und vergleichen Sie sie mit Ihren Erfahrungen. Welche Punkte sind entscheidend, um beim nächsten Testversuch ein paar mehr C-Antworten zu erreichen?

Überwiegend C-Antworten

Sie haben eine gesunde Einstellung zur Motivation. Sie übernehmen Verantwortung für Ihren eigenen Erfolg und wissen, wie Sie aus anderen das Beste herausholen. Werden Sie jedoch nicht übermütig. Lesen Sie das Buch sorgfältig, machen Sie die Übungen und halten Sie nach alternativen Ideen und Strategien Ausschau, die Ihnen helfen können, Ihr Motivationsgeschick noch weiter zu steigern. Die besten Motivatoren sind stets offen für Ratschläge, sind sie doch überzeugt, dass Verbesserungen immer möglich sind.

Noch ein Wort zu Ihrem Ergebnis ...

Wenn Sie diesen Selbsttest erstmals durchführen, sollten Sie dieses Ergebnis bei der Lektüre des Buches stets im Auge behalten. Achten Sie besonders auf jene Aspekte, bei denen es Ihnen noch an Professionalität mangelt. Sobald Sie das Buch gelesen und erste Erfahrungen mit den vorgestellten Techniken gesammelt haben, können Sie den Fragebogen erneut ausfüllen. Haben Sie beim ersten Mal nicht geschummelt, werden Sie jetzt deutliche Fortschritte feststellen! Der Test ist übrigens nicht dazu gedacht, Sie unter Druck zu setzen, er soll Ihnen Entwicklungsmöglichkeiten aufzuzeigen.

1

Wie Sie sich und andere motivieren

Wer motivieren will, muss sich und andere gut kennen. Indem Sie ein Bewusstsein dafür entwickeln, warum Sie was tun, und Ihre Gefühle kontrollieren lernen, steigern Sie Ihr Motivationsgeschick. Die in diesem Kapitel vorgestellten Techniken können Sie sowohl bei sich selbst als auch bei den Mitgliedern Ihres Teams anwenden. Sie lernen, wie Sie:

- herausfinden, was Ihnen und anderen wichtig ist,
- Verantwortung für Ihre Gefühlslage übernehmen,
- sich stärker konzentrieren und lösungsorientierter denken,
- sich von negativen Vorstellungen trennen und die eigenen Motivationskräfte freisetzen.

Entdecken Sie, was wichtig ist

Wer motivieren will, muss wissen, womit er die Menschen hinterm Ofen hervorlockt. Solange Sie nicht wissen, was einem Menschen wichtig ist, können Sie ihn nicht motivieren.

Werte

Die Werte eines Menschen stehen für das, was ihm wichtig ist. Wenn er seine Werte aus den Augen verliert, wird er antriebslos. Weil viele Menschen das Bewusstsein dafür verloren haben, was ihnen wichtig ist, sind Gleichgültigkeit und Antriebslosigkeit verbreitete Phänomene. So sehen beispielsweise viele Menschen täglich mehrere Stunden fern, aber nicht etwa, weil sie die Programminhalte so spannend finden. Ein wirkungsvolles Managementinstrument besteht darin, den Mitarbeitern zu helfen, sich wieder auf sich selbst und die eigenen Werte zu besinnen und danach zu leben.

Was Mitarbeiter motiviert

Es ist stets ein Fehler anzunehmen, was einem selbst wichtig ist, sei auch anderen wichtig. Viele Manager versuchen ihre Mitarbeiter zu motivieren, indem sie ihnen finanzielle Belohnungen oder eine Beförderung in Aussicht stellen. Der Grund ist vermutlich, dass sie selbst für solche Anreize empfänglich sind. Für den gewöhnlichen Arbeitnehmer jedoch stellen sie keineswegs die Spitze der Versuchung dar; er möchte in erster Linie das Gefühl haben, dass man ihn und seine Arbeit schätzt und dass man ihm zuhört.

Anreize finden Selbst Leute, die dasselbe tun und dieselben Interessen haben, reagieren unter Umständen auf ganz unterschiedliche Anreize. Finden Sie heraus, was diese Menschen antreibt.

Think SMART

Eine wirkungsvolle Maßnahme zur Steigerung der eigenen Motivation besteht darin, ein persönliches Logbuch zu führen. Die meisten erfolgreichen Menschen halten schriftlich fest, womit sie sich den Tag über beschäftigen.

Ein solches Tagebuch gibt Ihnen die Möglichkeit, Gedanken und Wünsche, Erfolge und schmerzliche Lektionen sowie Ziele und Intentionen festzuhalten. Sie können Ihren Fortschritt beobachten und bestimmen, wie erfolgreich Sie Ihr Leben meistern.

Was motiviert Sie selbst?

Lassen Sie ein paar Minuten lang Ihr bisheriges Leben Revue passieren. Welche Aktivitäten haben Sie in den verschiedenen Phasen Ihres Lebens und Ihrer Entwicklung wirklich gefesselt? Vermutlich waren es Dinge, die Ihnen in der jeweiligen Zeit besonders wichtig waren und die größte Zufriedenheit verschafften. Listen Sie sie auf und beantworten Sie folgende Fragen:

- Welche dieser Tätigkeiten hat Sie mit der größten Zufriedenheit erfüllt?
- Welche Fähigkeiten stellen Sie am liebsten unter Beweis?
- Warum wenden Sie diese Fähigkeiten so gern an?
- Können Sie in der Liste der Dinge, die Ihnen einmal wichtig waren, irgendwelche Muster erkennen?

Beschreiben Sie sich jetzt selbst während der Zeit, als Sie sich diesen Tätigkeiten hingaben.

- Was sehen, hören, fühlen und denken Sie? Beschreiben Sie, was Sie tun, mit wem Sie es tun und wie die Leute darauf reagieren.

5 Minuten Lösung

Stellen Sie fest, was Sie in verschiedenen Bereichen wirklich motiviert.

- Nehmen Sie einen Bereich und fragen Sie: »Was ist daran für mich so wichtig?«
- Antworten Sie mit einem Einzeiler: »Ich wünsche mir Anerkennung für meinen Beitrag zur Teamleistung.«

Besinnen Sie sich auf Ihre Werte

Wenn es Ihnen gelingt, Ihr Leben in der Balance zu halten, können Sie jedem Bereich die nötige Aufmerksamkeit widmen. Indem Sie lernen, Ihre Prioritäten auszubalancieren, können Sie sich selbst und die Mitglieder Ihres Teams besser motivieren.

Bestimmen Sie Ihre Prioritäten

Bevor Sie Ihre Prioritäten in die richtige Balance bringen können, müssen Sie wissen, wie diese Prioritäten aussehen. Betrachten Sie das Diagramm auf der gegenüberliegenden Seite und notieren Sie die acht Bereiche des Lebensrads auf Post-its. Überlegen Sie, welcher Bereich für Sie die geringste Bedeutung hat, und entfernen Sie den entsprechenden Zettel. Fahren Sie in derselben Weise fort, bis nur noch zwei Zettel übrig sind. Welche zwei Bereiche Ihres Lebens bleiben? Für die meisten Menschen spielen Liebesbeziehungen und Freundschaften sowie Gesundheit und Fitness eine herausragende Rolle. Geld oder Arbeit lassen die wenigsten bis zuletzt stehen.

Manchmal sind die offensichtlichsten Anreize keineswegs die wahren Antriebsfaktoren. Wenn Sie sich und andere motivieren wollen, müssen Sie jedoch die wahren Faktoren kennen, damit Sie die ganze Person ansprechen können.

Fallstudie: Den eigenen Werten treu sein

Claire fühlte sich von ihrem neuen Job als Verkaufsleiterin ständig überfordert und gestresst. Es gelang ihr nicht, die Zielvorgaben einzuhalten, und der Arbeitsdruck begann sich auf die Beziehung zu ihrem Lebenspartner auszuwirken. Nach der Beschäftigung mit dem Lebensrad beschloss sie, in die Verkäuferrolle zurückzuschlüpfen, und sie gewann rasch ihre alte Selbstsicherheit zurück.

- *Als Claire begriff, was für sie wichtig war, wurde ihr auch klar, dass sie sich hatte befördern lassen, um ihrer Familie und ihren Freunden zu imponieren.*
- *Sie erkannte, dass ihr persönlich der Reiz und die Herausforderungen ihrer bisherigen Tätigkeit als Verkäuferin mehr zusagten.*
- *Indem sie zur alten Tätigkeit zurückkehrte, blieb sie ihren Werten treu und genoss weiterhin die gewohnte Befriedigung.*

Das Lebensrad

Indem Sie Ihre Werte in Form eines Lebensrads visualisieren, erkennen Sie die Folgen eines eventuellen Ungleichgewichts für Ihr Selbstwertgefühl und damit für Ihre Motivation.

- **Gesundheit und Fitness** Ihre körperliche Energie und Vitalität
- **Wohlbefinden** Ihr innerer Frieden
- **Karriere/Arbeit** Ihr täglicher Beruf
- **Finanzen** Gehalt/Ersparnisse/Investitionen
- **Familie** Ihre engeren und entfernteren Verwandten
- **Beziehungen und Freundschaften** Ihre Freunde und Ihr Partner
- **Geselligkeit** Entspannung/Zeitvertreib/Hobbys
- **Persönliche Entwicklung/Wachstum** Entwicklung der eigenen Persönlichkeit

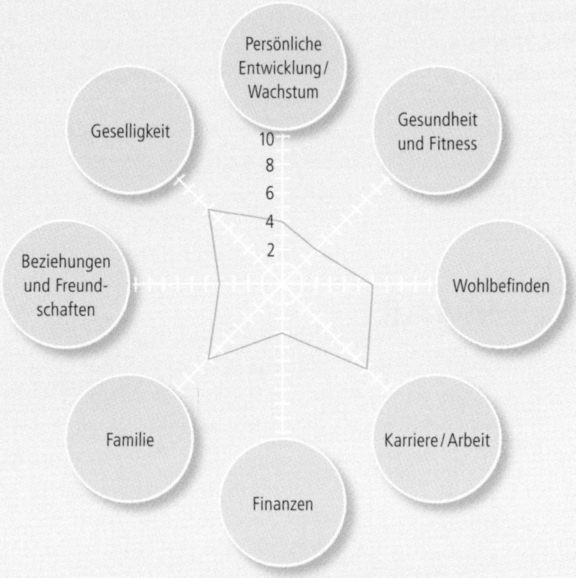

Bewerten Sie jeden Lebensbereich mit 1 bis 10 Punkten, wobei 1 für die geringste und 10 für die höchste Erfüllung steht.

Betrachten Sie Ihr Rad. Welche Bereiche wollen Sie verändern? Wie soll das Rad in einem Jahr, in fünf und in zehn Jahren aussehen?

Lernen Sie, sich selbst zu motivieren

Motivation bedeutet, zur richtigen Zeit die richtige Einstellung zu haben. So können Sie Ihre Fähigkeiten nutzen und die anstehenden Aufgaben effektiv und effizient lösen.

Steuern Sie Ihre Gefühle

Wenn Sie Ihre Teammitglieder motivieren wollen, müssen Sie ihnen zeigen, wie sie ihre innere Einstellung bewusst wahrnehmen und steuern können. Das wirkt sich automatisch auch auf ihr Verhalten aus. Sie können allerdings nur dann anderen beibringen, ihre Emotionen zu steuern, wenn Sie selbst diese Technik beherrschen.

Innere Motivation

Für die meisten Menschen stellt sich Motivation als etwas dar, was durch äußere Ereignisse und Umstände bestimmt ist und sich nicht steuern lässt. Die Motivationsrichtung läuft hier von außen nach innen. Wer lustlos und ohne Selbstvertrauen ist, ist wohl kaum in der Lage, eine gute Präsentation zu geben, aber wer seiner Sache sicher und motiviert ist, kann ohne Weiteres brillieren. Eine misslungene Präsentation wiederum schlägt sich auf Befindlichkeit und Verhalten nieder und erhöht die Wahrscheinlichkeit eines weiteren enttäuschenden Resultats.

Think SMART !

Ohne Fähigkeiten ist an Erfolg nicht zu denken, aber solange die Mitarbeiter Ihres Teams nicht in der richtigen mentalen Verfassung sind, können sie ihre Fähigkeiten nicht effektiv nutzen.

Erstellen Sie eine Liste mit zehn Attributen wie Zuversicht und Konzentration, die ihr Team an Tagen beschreiben, an denen alles gelingt. Gewöhnlich tauchen darauf eher Einstellungen als Fähigkeiten auf. Wenn dann ein schlechter Tag kommt, an dem alle lustlos sind, machen Sie ihnen Mut, indem Sie ihnen die Liste zeigen und sie an ihre Qualitäten an guten Tagen erinnern.

Motivationsquelle

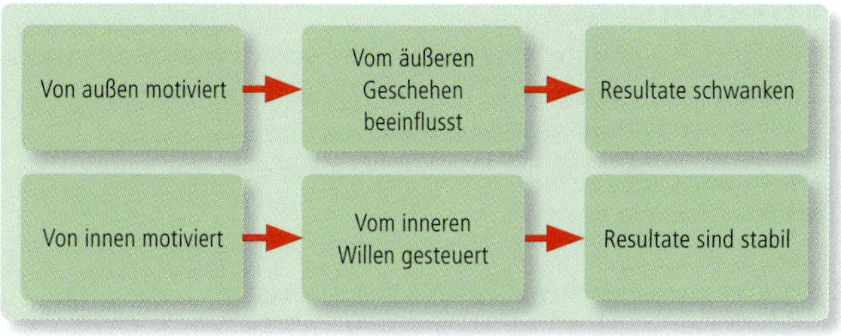

Aktivieren Sie Ihre inneren Motivationsquellen

Spitzenkräfte wissen, dass ihre mentale Verfassung und ihre Motivation ein innerer Ausdruck dafür sind, wie sie die Welt sehen. Wer motivieren will, muss sich zuerst einmal unabhängig von den äußeren Umständen selbst motivieren lernen, damit er anschließend sein Team darin unterrichten kann.

Motivationsfaktoren Um die Leistung eines Menschen zu beurteilen, ist es wichtig zu wissen, ob der Betreffende von außen oder von innen motiviert ist.

Sprache als Indikator

Die Menschen senden häufig klare Signale, ob sie die Verantwortung für ihre eigene Motivation selbst tragen oder ob sie sich von äußeren Ereignissen beeinflussen lassen. Das zeigt sich in ihrer Reaktion auf die Ereignisse – selbstmotivierte Menschen sprechen darüber, wie sie die Situation verbessern können, während fremdmotivierte Menschen äußeren Ereignissen die Schuld geben.

Reaktionen auf äußere Ereignisse

POSITIVE WIRKUNG

- Ich habe mich geärgert
- Ich muss daraus lernen
- Wie kann ich mich selbst motivieren?
- Ich muss lernen, Prioritäten zu setzen
- Wir müssen ein positives Arbeitsumfeld schaffen

NEGATIVE WIRKUNG

- Es hat mich genervt
- Es war nicht mein Fehler
- Das Wetter macht mich fertig
- Es wächst mir alles über den Kopf
- Das Arbeitsumfeld schlägt mir aufs Gemüt

Arbeiten Sie an Ihrer inneren Einstellung

Eine wichtige Voraussetzung für eine verbesserte Motivation ist, dass Sie sich Ihrer Emotionen in jedem Augenblick bewusst sind. Sobald Sie feststellen, dass Ihre innere Einstellung Sie selbst behindert, müssen Sie sie rasch und effektiv ändern können.

Körpersprache und innere Verfassung

Wenn Sie jemandem begegnen, wissen Sie meist schon, wie er sich fühlt, bevor er den Mund aufmacht. Sie erkennen es an der unbewussten Körpersprache – wie der Betreffende steht, sitzt, sich bewegt, atmet und so weiter. Jeder emotionale Zustand ist mit Körpersignalen verbunden. Wer deprimiert ist, wirkt nach außen ganz anders als jemand, der hoch motiviert ist. Der Deprimierte lässt sich in der Regel hängen, atmet langsam, hält den Blick gesenkt und wird mit Sicherheit nicht lächeln. Der Motivierte hingegen sitzt aufrecht, atmet kräftig, schaut seinem Gegenüber in die Augen und hält den Kopf hoch – und vermutlich lächelt er auch noch. Sie beeinflussen Ihre äußere Wirkung, indem Sie bewusst eine aufrechte Körperhaltung einnehmen, Ihren Gesichtsausdruck verändern oder anders atmen. Fast augenblicklich werden Sie sich auch besser fühlen.

Nützliche TECHNIKEN

Wenn Sie unmotiviert sind, wirkt sich das nicht nur auf Ihre Arbeit, sondern auf die Motivation Ihres ganzen Teams aus.
Wann immer das passiert, müssen Sie rasch handeln, um Ihre Motivation zu verbessern – die folgende Technik wird Ihnen dabei helfen:

- Stellen Sie sich hin und atmen Sie mehrmals langsam und tief durch.
- Heben Sie den Kopf und ziehen Sie die Schultern zurück.
- Denken Sie an eine Zeit zurück, als Sie hoch motiviert waren, und visualisieren Sie sich selbst in diesem Zustand.
- Schmücken Sie dieses Bild von sich selbst in hellen und klaren Farben aus.
- Erleben Sie nun ein Gefühl der totalen Motivation.

Verändern Sie Ihre mentale Ausrichtung

Konzentration Lernen Sie, sich auf das zu konzentrieren, was Sie gerade tun, und erhöhen Sie so Ihre Motivation.

Die mentale Ausrichtung beschreibt die Gesamtheit der Gedankenprozesse einer Person. Diese Prozesse gliedern sich in zwei Gruppen – unser Selbstgespräch und die mentalen Bilder, die uns ständig durch den Kopf gehen. Diese beiden bestimmen zusammen mit ihrem körpersprachlichen Ausdruck unseren mentalen Zustand.

Selbstgespräch

Immer wenn ein Ereignis oder eine Situation eintritt, machen Sie sich davon Ihr eigenes mentales Bild. Sie sprechen (im Geiste!) mit sich selbst über das Ereignis und Ihre Gefühle im Zusammenhang damit. Zwei Menschen, die sich in derselben Situation befinden, werden das gleiche Ereignis völlig unterschiedlich visualisieren und damit auch erleben. Indem Sie Ihre Bilder und Ihr Selbstgespräch bewusst steuern, haben Sie Einfluss auf Ihre eigene Motivation.

Die Kunst der Konzentration

Konzentrationfähigkeit ist nicht besonders weit verbreitet. Indem Sie sie trainieren, verbessern Sie Ihre Motivation, Ihre Produktivität und Ihre Kreativität.

Motivation durch Konzentration

»Konzentration« meint sowohl eine klare Ausrichtung der Interessen und Aktivitäten als auch einen mentalen Zustand. Menschen, die wissen, was sie wollen, sind in der Lage, ihren Motivationsgrad unabhängig von äußeren Ereignissen und Situationen aufrechtzuerhalten. Jeder ist von Natur aus in der Lage, sich zu konzentrieren. Allerdings haben manche Menschen Schwierigkeiten, herauszufinden, was sie wirklich wollen. Indem Sie Ihre Aufmerksamkeit bewusst steuern, erreichen Sie Ihre Ziele besser und schneller. Indem Sie anderen helfen sich zu konzentrieren, verbessern Sie auch deren Resultate, ihre Motivation und damit letztlich ihre Produktivität.

In sieben Tagen zur Konzentration

Sobald Sie Ihre Gedanken nicht mehr bewusst steuern, wird Ihnen vermutlich auffallen, wie häufig sie abschweifen. Versuchen Sie über einen Zeitraum von sieben Tagen, Ihren Konzentrationsgrad sukzessive zu steigern. Bevor Sie mit irgendeiner wichtigen Tätigkeit beginnen, sollten Sie sich fragen:

- Worauf muss ich mich konzentrieren?
- Wie kann ich mich wirklich darauf konzentrieren?
- Warum ist es so wichtig, dass ich mich darauf konzentriere?

Untersuchen Sie nach sieben Tagen, wie stark sich Ihre Konzentrationsfähigkeit verbessert hat. Stellen Sie sich vor, was Sie bei ununterbrochener Anwendung dieser Strategie in drei Monaten erreichen könnten. Was würde das für Ihre Beziehungen, Ihre Motivationskünste und für den Erfolg Ihres Unternehmens bedeuten?

Die Konzentration stärken

Mangelhaft	Durchschnittlich	Gut
Ich habe Mühe, mich zu konzentrieren	Ich bin manchmal unkonzentriert	Ich bin immer hundertprozentig konzentriert
Ich lasse mich regelmäßig ablenken	Ich lasse mich manchmal ablenken	Ich bin niemals unkonzentriert
Ich halte mich für unkonzentriert	Ich bin durchschnittlich konzentriert	Ich bin ein sehr konzentrierter Mensch
Andere sagen, ich sei leicht abzulenken	Andere attestieren mir ein normales Konzentrationsniveau	Andere sagen, ich sei sehr konzentriert
Ich halte mich nie an meine eigenen Zeitpläne	Manche selbst gesteckten Fristen halte ich ein, andere nicht	Ich beginne Tätigkeiten pünktlich und halte meine Zeitpläne ein
Ich kann mich nicht bewusst konzentrieren	Wenn ich mir Mühe gebe, kann ich mich konzentrieren	Ich habe meine eigene Strategie, wie ich immer konzentriert bleibe

Verbessern Sie Ihre Konzentrationsfähigkeit

Die klare Ausrichtung der eigenen Aufmerksamkeit erfordert viel Übung. Trainieren Sie Ihre Konzentrationsfähigkeit besonders bei Tätigkeiten, die Sie nur bedingt interessant finden. Wenn Sie beispielsweise wenig für die administrativen Aufgaben Ihres Jobs übrig haben, sollten Sie umso mehr versuchen, alles andere aus Ihrem Kopf zu verdrängen und sich ganz auf die Bedeutung dessen zu konzentrieren, was Sie gerade tun. Überprüfen Sie in regelmäßigen Abständen, ob sich Ihre Konzentrationsfähigkeit verbessert hat – gibt es Bereiche, in denen Sie noch mehr tun können?

Testen Sie Ihre Konzentrationsfähigkeit Bewerten Sie sich anhand dieser Aussagen selbst, indem Sie die Antworten markieren, die Ihre Situation am besten beschreiben. Wenn mangelhafte oder durchschnittliche Bereiche dabei sind, haben Sie hier die Möglichkeit, Ihre Konzentration zu verbessern.

Mit Konzentration zum Erfolg

Indem Sie sich auf die Lösungen konzentrieren, die Sie wirklich wollen, erreichen Sie bessere Resultate. Gute Motivatoren konzentrieren sich zuerst auf die gewünschten Ergebnisse. Anschließend wählen sie geeignete Schritte aus, um die Wahrscheinlichkeit zu maximieren, dass sie diese Ergebnisse auch wirklich erreichen.

Mehr Konzentration liefert häufig bessere Ergebnisse.

Agieren – nicht reagieren

Die meisten Menschen verbringen die meiste Zeit und Energie damit, über Probleme und Schwierigkeiten nachzudenken und darauf zu reagieren. Indem Sie den Blick ständig auf das Problem selbst und seine negativen Folgen richten, bauschen Sie es noch weiter auf. Wenn Sie stattdessen lernen, sich auf das positive Ergebnis und Ihre Schritte in diese Richtung zu konzentrieren, werden Sie rasch die gewünschten Resultate tatsächlich erreichen.

Fallstudie: Mut zur Veränderung

Wenn Mary, eine Verkaufsleiterin, ihre Mitarbeiter zu den regelmäßigen Teambesprechungen einlud, erschienen diese oft verspätet, flätzten sich dann in ihren Stühlen und schauten desinteressiert. Bald erwartete sie schon gar nichts anderes mehr von ihren Leuten und sie nahm eine defensive und autoritäre Haltung an. Das Team reagierte darauf nicht und so wurden die Besprechungen zunehmend unproduktiv.

Mary erkannte, dass sie etwas tun musste, um dieses Problem zu überwinden, und so organisierte sie ein Coaching für sich selbst. Das half ihr, das eigene Verhalten umzustellen, sodass wieder Schwung in die Besprechungen kam und das ganze Team sich beteiligte.

- *Das Coaching versetzte Mary in die Lage, sich auf Form, Inhalt und Ergebnisse der Besprechungen zu konzentrieren.*
- *Indem sie die Verantwortung für den Erfolg der Besprechungen selbst übernahm, wurden diese produktiver.*

Die sechs Schritte zum Erfolg

Wenn Sie andere motivieren wollen, sollten Sie sich auf diverse Schwierigkeiten und Probleme gefasst machen. Die Ergebnisse hängen davon ab, worauf Sie sich konzentrieren und wie Sie sich verhalten. Diese Sechs-Schritte-Strategie wird Ihnen helfen, Ihre Konzentration ganz auf den Erfolg auszurichten.

1 Akzeptieren Sie die Existenz des Problems. Das ist die erste Voraussetzung, um es überwinden zu können.

2 Machen Sie sich Ihre gegenwärtige Reaktion auf das Problem bewusst. Was sagen Ihre Gedanken und Gefühle dazu?

3 Wie sieht der normale Ausgang einer Situation wie dieser aus? Das lässt sich in der Regel leicht vorhersagen, da gleiche Reaktionen auf gleiche Probleme meist zu ähnlichen Ergebnissen führen.

4 Mit welchen Konsequenzen wäre ein solcher Ausgang für Sie verbunden? Was bedeutet er für Ihre Motivation und die Motivation Ihres Teams? Was folgt daraus für Ihr Unternehmen?

5 Welches Ergebnis hätten Sie gern? An einem Ereignis, das bereits eingetreten ist, können Sie nichts ändern, aber Sie können Ihr Augenmerk ganz darauf richten, dass vergleichbare Ausgangssituationen zukünftig zu anderen Ergebnissen führen.

6 Planen Sie Ihre Schritte so, dass sie Sie in Richtung des gewünschten Ausgangs voranbringen. Überlegen Sie en détail, wie Sie auf ähnliche Situationen in der Zukunft reagieren wollen, um zum ersehnten Resultat zu gelangen.

Die Routine durchbrechen

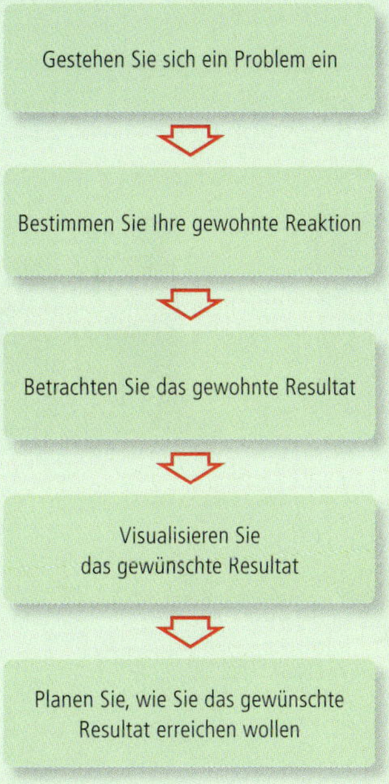

Stellen Sie Ihre Überzeugungen auf den Prüfstand

Die richtige innere Einstellung ist eine wichtige Voraussetzung, um sich und andere zu motivieren. Eine positive Einstellung hängt entscheidend davon ab, wie Sie die gegenwärtige Situation beurteilen.

Selbstvertrauen

Wenn es einem Mitglied Ihres Teams an Engagement mangelt, liegt das möglicherweise an seinen Glaubenssätzen. Solche Grundüberzeugungen bestimmen unser Fühlen und folglich unser Handeln, aber nur wenige Menschen machen sich bewusst, wie stark sich ihre Glaubenssätze auf ihr Leben auswirken. Noch weniger wählen sie bewusst aus. Diese Überzeugungen stammen aus den unterschiedlichsten Quellen: Familie, Geschichte, Freunde, Kollegen, Politik, Erziehung, Fortbildung, Vorgesetzte, Erfahrung, Religion, Medien, Fernsehen, Internet. Dabei spielt es keine Rolle, ob diese Überzeugungen die Wahrheit widerspiegeln. Der Glaube, dass Ihre Eltern schuld sind, wenn sich bei Ihnen kein Erfolg einstellt, mag richtig oder falsch sein, aber er verhindert auf jeden Fall, dass Sie den Erfolg erreichen, den Sie sich wünschen.

Selbstsicherheit Ein Glaubenssatz, mit dem Sie aufgewachsen sind, kann Ihnen starkes Selbstvertrauen und Motivation vermitteln.

Machen Sie sich stark

Wer motivieren will, muss in der Lage sein, zwischen negativen und positiven Glaubenssätzen zu unterscheiden. Negative Überzeugungen sind solche, die Ihnen in einer bestimmten Situation Kraft rauben. Positive Überzeugungen verleihen Ihnen in derselben Situation zusätzlichen Antrieb. Solange es Ihnen nicht gelingt, die negativen Überzeugungen bei sich und anderen zu erkennen und zu beseitigen, werden sie zur Selffulfilling Prophecy.

Negative Überzeugungen

Negative Glaubenssätze sind das Ergebnis negativer Entscheidungen, die Sie in der Vergangenheit und möglicherweise in der frühen Kindheit getroffen haben, als Sie noch nicht in der Lage waren, die Zusammenhänge des Lebens zu erklären. Wenn Sie auf diese weit zurückliegenden Ereignisse mit Erwachsenenaugen blicken würden, kämen Sie vermutlich zu ganz anderen Ergebnissen. Es ist wichtig, dass Sie die Existenz solch negativer Überzeugungen anerkennen, damit Sie über sie hinauswachsen und sich von ihnen trennen können.

Glaubenssätze bestimmen die Gefühle und das Verhalten eines Menschen.

Negative Glaubenssätze überwinden

Um sich von negativen Glaubenssätzen zu trennen, können Sie versuchen, sie aus einem anderen Blickwinkel zu betrachten. Stellen Sie sich dazu folgende Fragen:

- Entspricht die Überzeugung der Wahrheit?
- Hat sie jemals der Wahrheit entsprochen?
- Glaubt irgendwer sonst an sie?
- Was spricht gegen diese Überzeugung?
- Was kostet mich diese Überzeugung?
- Was bringt es mir, mich von dieser Überzeugung zu trennen?

TIPP **Fühlt sich jemand mutlos, sollten Sie herausfinden, welcher Glaubenssatz für dieses Gefühl verantwortlich ist.**

Auf Motivation gepolt

Wer andere motivieren will, braucht positive Grundüberzeugungen. Überlegen Sie, wer Sie in der letzten Zeit motiviert hat, und fragen Sie sich, wie die Glaubenssätze des Betreffenden aussahen und ihn motivierten.

Große Motivationskünstler

Motivationskünstler verstehen es, anderen positive Erfahrungen zu vermitteln und ihnen so dabei zu helfen, positive Glaubenssätze zu entwickeln. Hoch motivierte Teams fördern mit ihren gemeinsamen und individuellen Erfolgen die Entwicklung wechselseitig stärkender Überzeugungen. Wenn Sie ein Motivationskünstler wären, wie sähen dann Ihre Überzeugungen hinsichtlich Ihrer Mitarbeiter, Ihres Unternehmens, Ihrer Ressourcen, Ihrer Identität und Ihrer Motivationsfähigkeit aus? Erfahrene Motivatoren wissen, dass jeder Mensch über ungenutzte Reserven verfügt und dass er sich stärker motivieren und zu größeren Taten anspornen lässt, als er selbst es für möglich halten würde. Nehmen Sie Ihre Überzeugungen in die eigene Hand und konzentrieren Sie sich auf die Dinge im Leben, die Sie in Ihrer Überzeugung bestärken, dass Sie Ihre Ziele erreichen können.

Fallstudie: Eine Frage der Einstellung

Davina war seit Kurzem für ein neues Team zuständig. Ein Mitarbeiter im Team, Josh, war als Faulpelz verschrien. Davina hatte bald genug von seiner schlechten Performance und schloss ihn von wichtigen Projekten aus.

Nachdem sie mit ihrem eigenen Coach über das Thema gesprochen hatte, organisierte sie ein Coaching für Josh. Dieses förderte Joshs Überzeugung zutage, dass ihm niemand Beachtung schenkte oder ihm etwas zutraute. Er fühlte sich verkannt und minderwertig. Davina beschloss, ihre Einstellung gegenüber Josh zu ändern, der es ihr dankte, indem er bessere Leistung zeigte und sich mit mehr Energie und Selbstvertrauen in die Arbeit stürzte.

- *Das Coaching zeigte, dass die unhinterfragte Übernahme von Vorurteilen Davina daran gehindert hatte, Joshs gute Seiten zu sehen und zu schätzen.*
- *Davinas Bereitschaft, ihre Einstellung zu ändern, gab Josh die Chance, sich als wertvolles Teammitglied zu beweisen.*

Überzeugungen stärken

Sobald Sie sich mit Schwierigkeiten und Problemen konfrontiert sehen, helfen Ihnen positive Grundüberzeugungen, konzentriert und motiviert zu bleiben. Um gute Ideen in stark machende Glaubenssätze zu verwandeln, müssen Sie etwas Vorarbeit leisten:

- Denken Sie sich eine Situation, in der Sie sich häufiger einmal mut- und kraftlos vorkommen.
- Fragen Sie sich: »Welche Glaubenssätze brauche ich in dieser Situation, um hundertprozentig motiviert zu sein?«
- Notieren Sie sich bis zu fünf dieser Überzeugungen in Ihrem Logbuch. Heften Sie sie sich zudem als Post-its an Ihren Computer.
- Suchen Sie nach Belegen für jede dieser neuen Überzeugungen. Fragen Sie sich: »Was spricht für diese Sicht der Dinge?«
- Konzentrieren Sie sich mindestens einmal täglich auf Ihre neuen Überzeugungen und die Tatsachen, die für sie sprechen.

Inspiration Versuchen Sie, ein gutes Vorbild zu sein. Ihre Inspirationskraft steigt, wenn Sie sich selbst von jemandem inspirieren lassen, den Sie bewundern.

Zusammenfassung: Erfolgsgewissheit

Wenn Sie die Kunst des Motivierens beherrschen wollen, müssen Sie wissen, was die Menschen motiviert. Zuvor jedoch müssen Sie herausfinden, was Sie selbst motiviert. Konzentrieren Sie sich auf das, was Sie wirklich wollen, und setzen Sie sich aktiv mit jenen negativen Glaubenssätzen auseinander, die Sie daran hindern, Ihre Ziele zu verwirklichen.

An sich selbst glauben

1 Finden Sie heraus, was Sie motiviert

- Identifizieren Sie allgemeine Motivationsfaktoren
- Bestimmen Sie Ihre Prioritäten im Leben
- Schaffen Sie eine Balance zwischen Ihren Prioritäten
- Lassen Sie sich von Ihren Werten leiten

2 Motivieren Sie sich selbst

- Lernen Sie, Ihre Emotionen zu steuern
- Machen Sie sich Ihre persönlichen Motivationsfaktoren bewusst
- Verändern Sie mit Ihrer Körpersprache zugleich Ihre innere Einstellung
- Verlagern Sie Ihre Konzentration

3 Lernen Sie, sich zu konzentrieren

Machen Sie sich klar, was Sie wollen

Testen Sie Ihre Konzentrationsfähigkeit

Richten Sie den Blick auf den Erfolg

Absolvieren Sie die sechs Schritte zum Erfolg

4 Entwickeln Sie die richtige Einstellung

Lernen Sie, an sich selbst zu glauben

Nehmen Sie die Existenz negativer Überzeugungen zur Kenntnis

Lassen Sie sich von großen Motivatoren inspirieren

Verändern Sie, was Sie für nötig halten

2 Stellen Sie die Weichen auf Erfolg

Das Studium der einen oder anderen Motivationstheorie kann Sie auf die Erfolgsfährte setzen, aber Sie müssen sich dennoch auf so manches Hindernis gefasst machen. Sie müssen lernen, wie Sie sich Ziele setzen, mit Widerstand umgehen und Strukturen implementieren, die Ihnen helfen, den notwendigen Motivationserfolg zu erzielen. Dieses Kapitel erklärt Ihnen, wie Sie:

- die Motivationstheorien von Maslow, Herzberg, Likert und Vroom anwenden,
- Unterstützung für die nötigen Veränderungen mobilisieren,
- sich motivierende, inspirierende und ehrgeizige Ziele setzen,
- Strukturen entwerfen und implementieren, die Sie Ihren Zielen näher bringen.

Maslows Bedürfnishierarchie

Es gibt inzwischen zahlreiche interessante Motivationstheorien. Eine davon ist die von dem Psychologen Abraham Maslow entwickelte Bedürfnishierarchie, die sich auf Einzelpersonen ebenso anwenden lässt wie auf Teams.

Erfüllen Sie elementare Bedürfnisse zuerst

Für Maslow sind die menschlichen Bedürfnisse hierarchisch gestaffelt. Die Basis bilden die elementaren körperlichen Bedürfnisse, während an der Spitze die Selbstverwirklichung steht. Sobald die Bedürfnisse einer Stufe gestillt sind, verlieren diese Bedürfnisse ihre motivierende Kraft. Umgekehrt haben höhere Bedürfnisstufen keine motivierende Wirkung, solange nicht die Bedürfnisse niedrigerer Ebenen vollständig gestillt sind.

- **Körperliche Bedürfnisse** – Wasser, Essen, Wärme, Sex, körperliche Bewegung und Schlaf.
- **Sicherheitsbedürfnisse** – Schutz vor lebensbedrohlichen Gefahren, Unfällen, Überfällen, Dürreperioden, schweren Krankheiten etc. Berufliche und finanzielle Sicherheit.
- **Soziale Bedürfnisse** – Nähe zu den Menschen um uns herum. Das Bedürfnis, geliebt und gemocht zu werden. Zugehörigkeit zu Gruppen: zu einer Familie, zu Vereinen und zu Völkern beziehungsweise Staaten.
- **Anerkennung und Status** – Akzeptanz durch das Umfeld. Das Bedürfnis, geschätzt und geachtet zu sein.
- **Selbstverwirklichung** – Das Bestmögliche aus sich machen und das individuelle Potenzial allein um der persönlichen Befriedigung willen voll ausschöpfen.

Maslows Hierarchie

Andere motivieren

POSITIVE WIRKUNG

- Fördern Sie persönliche Entwicklung und persönliches Wachstum
- Trainieren Sie Kommunikationstechniken und positives Denken
- Fördern Sie den Teamgeist
- Demonstrieren Sie Stabilität und Loyalität im Unternehmen
- Stillen Sie die körperlichen Bedürfnisse der Mitarbeiter am Arbeitsplatz

NEGATIVE WIRKUNG

- Die individuellen Entwicklungsmöglichkeiten ignorieren
- Menschen in Situationen bringen, auf die sie nicht vorbereitet sind
- Teamdynamik außer Acht lassen
- Willkürlich Leute einstellen und entlassen statt geeignete Prozeduren einzurichten
- Am Notwendigsten sparen

Kreativität

Viele Manager motivieren ihre Mitarbeiter mit Geld, etwa durch Provisionen und Prämien. Aber wenn die finanziellen Bedürfnisse gestillt sind und Geld nicht unmittelbar mit der Erfüllung höherer Bedürfnisse assoziiert ist, kann Geld nicht länger effektiv motivieren – das zusätzlich in Aussicht gestellte Geld ist die Mühe dann nicht wert. Unter diesen Umständen muss ein Manager, der seine Mitarbeiter motivieren will, kreativ sein und sich auf höhere Bedürfnisse konzentrieren.

Die Bedürfnishierarchie nutzen

Sie können viel über einen Menschen lernen, indem Sie seine gegenwärtige Position in der maslowschen Hierarchie bestimmen. Denken Sie an Teammitglieder, Freunde und Kollegen. Wie wirkt sich ihre jeweilige Position in der Hierarchie auf ihre Arbeitsmotivation aus? Wie könnten Sie dieses Wissen einsetzen, um sie noch stärker zu motivieren?

TIPP Wägen Sie die individuellen Bedürfnisse gegen die Teambedürfnisse ab und binden Sie die individuellen Motivationsfaktoren in diejenigen des Teams ein.

Motivationstheorien

Weitere nützliche Motivationstheorien sind Frederick Herzbergs Zwei-Faktoren-Theorie, Rensis Likerts Sales-Management-Theorie sowie Victor Vrooms VIE-Theorie.

Die Zwei-Faktoren-Theorie

Diese Theorie unterscheidet zwischen »Hygienefaktoren« und »Motivatoren«. Erstere, von Herzberg als notwendig, aber nicht motivierend bezeichnet, betreffen physische Arbeitsbedingungen, Sicherheit, zwischenmenschliche Beziehungen, Gehalt und Zulagen, Personalpolitik und Führungsstil, Status und persönliche Umstände. Die Motivationsfaktoren, die die Mitarbeiter unmittelbar motivieren, mehr zu leisten, sind Anerkennung, Arbeitsinhalte und Verantwortung.

Die Sales-Management-Theorie

Likert interessierte sich für die Beziehung zwischen dem Verhalten der Vertriebsmanager und dem ihrer Verkäufer und stellte dabei Folgendes fest:

- Leistungsstarke Verkaufsteams wurden stets von Managern geleitet, die sich ihrerseits hohe Performanceziele setzten.
- Manager, die die Teambeteiligung und die Diskussionsbereitschaft in den Besprechungen förderten, erzielten deutlich besserer Resultate als Manager, die ihre Teams zu dirigieren und zu dominieren versuchten.

Die VIE-Theorie

Vroom zeigte, dass die Motivation der Mitarbeiter davon abhängt, ob sie erwarten, dass ihre Anstrengung von Erfolg gekrönt sein wird. Er verwendete dazu drei Kriterien:

1. **Erwartung** – Inwieweit ist der Einzelne davon überzeugt, dass sich zusätzlicher Einsatz in zusätzlicher Performance niederschlägt?
2. **Instrumentalität** – Inwieweit ist der Einzelne davon überzeugt, dass sich zusätzliche Performance in zusätzlicher Vergütung niederschlägt?

TIPP Zeigen Sie Ihren Mitarbeitern das Verhältnis von Einsatz, Ergebnis und persönlichem Nutzen.

---

3 **Valenz** – Wie viel ist dem Einzelnen diese zusätzliche Vergütung wert?

Es ist wichtig, dass die Mitarbeiter die Beziehung zwischen ihrem Einsatz und der erzielten Performance sowie zwischen dieser Performance und ihrem persönlichen Nutzen klar erkennen. Sie werden eine größere Motivation verspüren, ihr Bestes zu geben, wenn sie:

- erwarten, dass ein verstärkter Einsatz eine verbesserte Performance zur Folge hat,
- davon ausgehen, dass sie für die zusätzliche Mühe belohnt werden,
- dieser Belohnung einen hohen Wert beimessen.

Die VIE-Theorie zeigt, wie wichtig es ist zu wissen, was für das einzelne Teammitglied von Bedeutung ist. Die herausragenden Ziele sind dabei: Genussmaximierung und Schmerzvermeidung. Indem Sie Ihren Teammitgliedern helfen, Genuss mit wichtigen Aufgaben zu assoziieren, verbessern Sie ihre Motivation und ihre Performance.

Motivieren Sie Ihr Team

Lassen Sie sich von den großen Motivationstheoretikern inspirieren und folgen Sie diesen Tipps, um Ihr Team optimal zu motivieren:

- ➡ Sorgen Sie für das physische Wohlbefinden Ihres Teams am Arbeitsplatz und berücksichtigen Sie die Hygienefaktoren.
- ➡ Lindern Sie Ängste hinsichtlich eines möglichen Arbeitsplatzverlusts oder konjunktureller Krisen.
- ➡ Machen Sie sich ein Bild von den individuellen Motivationsfaktoren und deren Einfluss auf die Einsatzbereitschaft Ihrer Mitarbeiter.
- ➡ Helfen Sie den Teammitgliedern, die Beziehung zwischen ihrem Einsatz und den erzielten Resultaten zu erkennen. Achten Sie auf eine klare Kopplung von Resultat und Belohnung.
- ➡ Schaffen Sie Raum für die persönliche, berufliche und seelische Weiterentwicklung und ermuntern Sie Ihre Leute gleichzeitig, Verantwortung für ihren eigenen Erfolg zu übernehmen.
- ➡ Nutzen Sie Teambesprechungen, um den Gruppenzusammenhalt zu stärken und den Teamgeist zu fördern.

Leistung steigern

Die Fähigkeit, neue Informationen, Strategien und Verhaltensweisen zu erlernen, zu verinnerlichen und anzuwenden, ist eine wichtige Voraussetzung, um Motivation zu erzeugen und aufrechtzuerhalten.

Schrittweise zum Erfolg

Wann immer Sie etwas Neues lernen, durchlaufen Sie fünf Phasen. Manchmal folgen diese so rasch aufeinander, dass Sie sie gar nicht mitbekommen. Bei anderen Gelegenheiten werden Sie sich dieser Schritte und Ihrer jeweiligen Gefühle sehr viel bewusster. Ein Verständnis dieser Schritte wird Sie in die Lage versetzen, Ihre Mitarbeiter sehr viel effektiver zu verstehen und zu motivieren. Schritt 2 (bewusste Inkompetenz) erscheint möglicherweise wie eine künstliche Barriere. Bevor Sie eine neue Fähigkeit, Strategie oder Verhaltensweise implementieren, sollten Sie eine kurze »Motivationskontrolle« durchführen, um sicherzugehen, wie stark Ihr Entschluss ist, dieses Ziel zu erreichen.

Fallstudie: Beim Lernen vorwärtskommen

Die 17-jährige Maya wollte Auto fahren lernen, war sich aber der damit verbundenen Schwierigkeiten in keiner Weise bewusst (unbewusste Inkompetenz). Sie ließ sich auf dem Fahrersitz nieder, griff nach dem Lenkrad, startete den Motor, trat aufs Gaspedal – und würgte den Motor ab.

Nach und nach verstand Maya, wie schwierig es ist, ein Auto zu beherrschen (bewusste Inkompetenz). Nach viel Übung erreichte sie irgendwann den Punkt, an dem es ihr bei bewusster Konzentration möglich war, das Auto zuverlässig zu steuern (bewusste Kompetenz). Sie bestand ihre Fahrprüfung und ist heute eine gute Autofahrerin.

- *Indem Maya den Schwierigkeiten die Stirn bot, war sie in der Lage, die für das Steuern eines Autos notwendigen Abläufe zu erlernen.*
- *Heute erreicht sie manchmal ihr Fahrziel, ohne sich an die Details der Fahrt zu erinnern (unbewusste Kompetenz).*
- *Wenn sie sich weiter um die Verbesserung ihrer Fahrkünste bemüht, wird sie am Ende die Meisterschaft im Autofahren erlangen.*

Fünf Schritte zur Höchstleistung

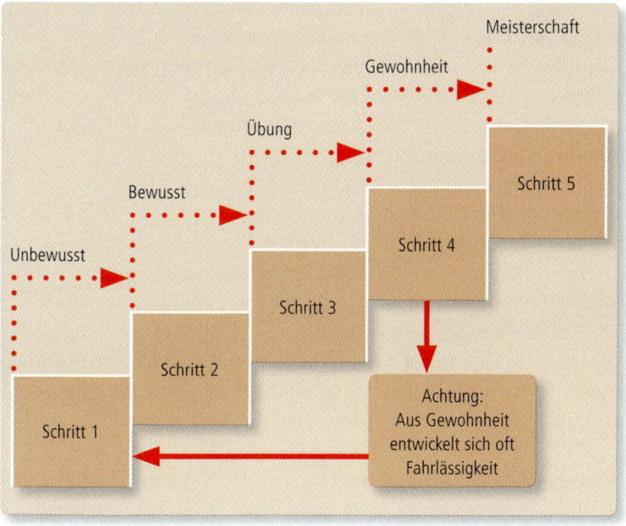

Machen Sie sich klar, dass die Menschen diese fünf Phasen in unterschiedlichem Tempo und auf je eigene Weise durchlaufen.

Meisterschaft erlangen
Wenn Sie Höchstleistung wollen, müssen Sie diese fünf Schritte absolvieren.

- **Schritt 1:** Unbewusste Inkompetenz – Sie sind sich nicht darüber im Klaren, was Sie nicht wissen.
- **Schritt 2:** Bewusste Inkompetenz – Ihnen geht auf, was Sie nicht wissen. Sie sind unkundig, sind sich dessen aber bewusst.
- **Schritt 3:** Bewusste Kompetenz – Ihnen wird allmählich bewusst, wie Sie es anstellen müssen. Sie besitzen die Fähigkeit, etwas zu tun, solange Sie sich darauf konzentrieren.
- **Schritt 4:** Unbewusste Kompetenz – Sie führen gewohnte Arbeitsschritte automatisch aus. Sie brauchen nicht darüber nachzudenken.
- **Schritt 5:** Meisterschaft – Sie sind noch über die unbewusste Kompetenz hinausgelangt und haben die Meisterschaft erreicht.

Schlechte Gewohnheiten durchbrechen

Die Menschen verbringen einen großen Teil ihrer Zeit in einem unbewussten Zustand, in dem sie dieselben Fehler immer wieder aufs Neue machen. Wenn die gegenwärtigen Gewohnheiten und Verhaltensmuster Ihres Teams nicht mit Ihren Zielen harmonieren, müssen Sie in der Lage sein, sie zu durchbrechen. Das automatische Handeln hat manche Vorteile. Sie können:

- mehrere Dinge gleichzeitig tun,
- mit Eleganz und Leichtigkeit agieren,
- in der eigenen Komfortzone bleiben,
- sich Stress vom Leib zu halten.

Auf bestimmte Anreize in einer bestimmten Weise zu reagieren, erweist sich in der einen Situation als richtig, in der anderen jedoch als falsch. Entscheidend ist hier, dass Sie regelmäßig einen Schritt zurücktreten und überprüfen, ob Ihre Verhaltensmuster noch die gewünschten Resultate erzielen.

Kontinuierliches Lernen

Wenn Sie sich neue Fähigkeiten und Verhaltensweisen aneignen und bis zum Zustand der bewussten Inkompetenz gelangt sind, überfällt Sie möglicherweise ein Gefühl von Überforderung, Kontrollverlust und Unbehagen. Sie können Ihr gewohntes Verhaltensmuster ändern, indem Sie diese Barriere durchbrechen. Sie benötigen dazu Entschlossenheit und Zeit zum Üben.

Think SMART

Die Fähigkeit, Verhaltensmuster rasch zu ändern, ist wichtig, wenn Sie sich und andere motivieren wollen. Dennoch werden sich die meisten Dinge, die es zu lernen lohnt, anfangs fremd anfühlen.

Bringen Sie sich Ihre Verhaltensmuster, Gefühle und Reaktionen auf Leute und Situationen stärker zu Bewusstsein. Überlegen Sie, wie Sie sie ändern wollen. Üben Sie bis zum Überdruss und bemühen Sie sich mit aller Kraft, die Veränderung in einem vordefinierten Zeitraum zu verwirklichen. Verwenden Sie diese Technik am Arbeitsplatz und zu Hause, um auf allen Linien erfolgreich zu sein.

Erkennen Sie Ihre Verhaltensmuster

Mithilfe des HABIT-Modells (Gavin Ingham 2002) können Sie Ihren Mitarbeitern helfen, Gewohnheiten und Verhaltensmuster zu erkennen und zu ändern.

- **Habitus / Gewohnte Verhaltensmuster**
  Welche Verhaltensmuster / Gewohnheiten / Gefühle legen Sie an den Tag? Wann verhalten Sie sich so? Wie motiviert sind Sie?
- **Analyse: Stellen Sie Fragen**
  Wie wirken sich diese Verhaltensmuster auf Ihre tägliche Motivation aus? Wirken sie fördernd oder bremsend? Tragen sie zum Erfolg oder zum Misserfolg bei?
- **Brechen Sie alte Verhaltensmuster auf**
  Wenn ein Verhaltensmuster Sie blockiert, wie können Sie es sofort stoppen? Was kostet Sie dieses Verhalten? Welchen Nutzen bringt es, wenn Sie das Verhalten jetzt ändern?
- **Implementieren Sie neue Verhaltensmuster**
  Überlegen Sie, welches Verhaltensmuster am besten geeignet ist, und übernehmen Sie es für eine Weile.
- **Testen Sie das neue Verhaltensmuster**
  Unterziehen Sie das neue Verhaltensmuster einem Testlauf, indem Sie es ausprobieren und ständig anpassen, bis Sie zufrieden sind.

TIPP **Stellen Sie sich bildlich vor, wie Sie diese Veränderung erfolgreich meistern – Visualisierung ist eine nützliche Technik, um Rückfälle zu vermeiden.**

Was treibt die Menschen an?

Mitunter ist schwer zu verstehen, warum zwei Menschen, die denselben Job für dieselbe Bezahlung im selben Arbeitsumfeld machen, so unterschiedliche Leistung erbringen, aber es lassen sich nicht alle durch dieselben Werte, Ziele und Herausforderungen motivieren. Ein Verständnis der Motivationsfaktoren wird Ihnen helfen, Ihren Ansatz je nach Teammitglied zu modifizieren. Zu den üblichen Motivationsfaktoren gehören: persönliche Entwicklung, Karrierechancen, Geselligkeit, Familie, finanzielle Belohnungen, Lebensstil, Sicherheit und Abwechslung.

Persönliche Entwicklung
Mitarbeiter, die an einer persönlichen Weiterentwicklung interessiert sind, genießen anspruchsvolle Tätigkeiten, die es ihnen gestatten, neue Fähigkeiten zu erwerben. Möglicherweise lassen sie sich besonders durch Fortbildungsangebote verlocken und sind enttäuscht, sobald ihr Job nichts Neues mehr bietet.

Karrierechancen Auch karriereorientierte Mitarbeiter sind meist sehr ambitioniert und reißen sich um Aufgaben, die sie in ihrer Laufbahn weiterbringen, vernachlässigen aber mitunter Tätigkeiten, die ihnen vermeintlich keine Anerkennung bringt.

Geselligkeit Viele Mitarbeiter schätzen den Umgang mit Kollegen und Kunden. Sie haben keine Mühe, effektive Arbeitsbeziehungen zu bilden und im Team gute Leistung zu erbringen, bewähren sich als Einzelkämpfer jedoch mitunter weniger gut.

Nützliche TECHNIKEN

Spitzenkräfte zielen in allen Bereichen auf wahre Meisterschaft – und erreichen sie meist auch.
Diese Übung wird Ihnen nicht nur helfen, andere zu motivieren, sondern Sie werden auch besser erkennen, was Sie selbst motiviert. Stellen Sie sich selbst die folgenden Fragen:

- Wie wird es sich anfühlen, wenn Sie die Meisterschaft erlangt haben? Was werden Sie tun / fühlen / denken? Wer wird bei Ihnen sein? Wann wäre dieser Zustand für Sie nützlich?
- Was müssen Sie zusätzlich lernen, um vom gegenwärtigen Zustand in den Zustand der Meisterschaft zu gelangen?

Persönliches Streben

Viele Menschen sind ständig auf der Suche nach jener zusätzlichen Extraleistung, dem Schlüssel zur Supermotivation. Wenn Sie langfristig Ihren Motivationsgrad aufrechterhalten wollen, kommt es auf die richtige Schwerpunktsetzung an. Der Schlüssel für Ausdauer, Entschlossenheit und Selbstvertrauen ist persönliches Streben. Wenn es Ihnen gelingt, mit Veränderung eine starke persönliche Bedeutung zu verknüpfen, brauchen Sie sich nicht ständig anzutreiben und zur Ausdauer zu ermahnen – das folgt bereits automatisch aus dem Bestreben, die eigenen Ziele und Ambitionen zu verwirklichen.

Veränderungsgründe

Erfolgreiche Führungskräfte wissen, warum Veränderung für ihre Mitarbeiter so wichtig ist, und sie helfen ihnen, die Gründe dafür klar zu erkennen. Wenn Sie anderen helfen wollen, sich selbst zu motivieren, müssen Sie die jeweiligen persönlichen Veränderungsgründe aufdecken. Jeder Mensch hat seine eigenen Gründe, warum er etwas tut, und Sie müssen diese Gründe kennen, wenn Sie wollen, dass sämtliche Mitglieder Ihres Teams jederzeit motiviert sind. Voraussetzung dafür, dass Menschen sich verändern, ist, dass sie dies auch wollen und können. Sie müssen die Wichtigkeit einer Veränderung erkennen und fest davon überzeugt sein, dass sie diese realisieren können.

Die Struktur des Erfolgs

Erfolg hat eine Struktur. Menschen arbeiten am besten in Umgebungen, in denen sie wissen, was geschehen wird, wann es geschehen wird und mit wem es geschehen wird.

Planen Sie voraus

Teams und ihre Mitglieder arbeiten am besten, wenn sie wissen, was sie zu tun haben. Ohne eine geeignete Struktur verbringen Manager zu viel Zeit damit, Probleme zu beheben, statt ihre gesamte Energie aufs Führen und Motivieren zu konzentrieren. Kümmert sich ein Manager ständig um alle Details, ist das Team nicht handlungsfähig, wenn während der Abwesenheit des Managers eine unerwartete Situation eintritt. Weiß das Team hingegen, wie der Manager mit dieser Situation umgehen würde, weil er eine klare Struktur von Verfahrensregeln aufgestellt hat, reagiert es selbst aktiver und produktiver – zum langfristigen Nutzen des Unternehmens und der Reputation des Managers.

Fallstudie: Systeme schaffen

Sarah führt ein kleines Unternehmen mit acht Mitarbeitern. Obwohl alle wussten, was sie zu tun hatten, empfingen sie täglich Anweisungen von Sarah. War diese dann auf Kundenbesuch, lag die Performance des Teams häufig weit unter dem normalen Standard. Sarah begriff, dass sie kein System installiert hatte, an dem sich ihre Mitarbeiter orientieren konnten, wenn sie außer Haus war. Nachdem sie im Detail besprochen hatten, was während ihrer Abwesenheit zu geschehen hatte, übernahmen die Mitarbeiter mehr Verantwortung für ihren eigenen Erfolg, und Sarah konnte weiter Kunden besuchen, ohne sich Gedanken über unmotivierte Mitarbeiter machen zu müssen.

- *Durch die Schaffung von Systemen, an denen sich ihre Mitarbeiter orientieren konnten, gelang es Sarah, ihre Erwartungen klar zu umreißen.*
- *Sobald das Team wusste, was wann wie zu tun war, war es nicht länger auf ständige Detailanweisungen angewiesen.*
- *Im Vertrauen auf die Systeme konnten Sarahs Mitarbeiter auch während ihrer Abwesenheit Entscheidungen treffen und effektiv arbeiten.*

Erwartungen und Ziele

Sobald den Mitarbeitern klar ist, was von ihnen erwartet wird, sind sie eher bereit, Verantwortung für ihr eigenes Verhalten zu übernehmen. Die Unternehmensprozeduren sollten feststehen, und jeder sollte wissen, was er wann zu tun hat.

- **Beförderungen** sollten klar, transparent, konsistent und an die Tätigkeit/Performance geknüpft sein. Viele Unternehmen befördern nach undurchschaubaren subjektiven Kriterien. Diese lassen sich nur schwer rechtfertigen und führen zu großen Motivationsproblemen.
- **Besprechungen** sollten regelmäßig stattfinden und eine konsistente Struktur aufweisen. Sie sollten sich immer gleich »anfühlen«.
- **Zielvorgaben** sollten dem Team klar vermittelt werden, damit kein Zweifel an ihnen aufkommen kann.
- **Coaching und Schulungen** nützen nur dann etwas, wenn sie konsistent sind. Viele Unternehmen investieren in die Mitarbeiterentwicklung erst dann, wenn sie Probleme haben. Dieses Verhaltensmuster führt dazu, dass Coaching mit Problemen assoziiert wird.
- **Managementstile und Agenden** sollten durchdacht und feststehend sind. Die Mitarbeiter sollten stets wissen, was sie von ihren Managern erwarten können. Dieses Wissen schafft Vertrauen und Nähe.
- **Bürotätigkeiten und administrative Aufgaben** sollten klar definiert sein. Die Mitarbeiter müssen genau wissen, was zu tun ist; sie benötigen ausreichend Schulungen und Ansprechpartner, die ihnen bei Bedarf weiterhelfen.
- **Disziplinarische Maßnahmen** sollten stets fair, angemessen und sichtbar sein.
- **Das Arbeitsumfeld** wie beispielsweise Bestuhlung, Beleuchtung, Tische, Fenster, Telefone und Computer stellen in sich noch keine Motivationsfaktoren dar, aber wenn in diesen Bereichen Ungerechtigkeiten deutlich werden, können daraus schnell größere Motivationsprobleme entstehen.

Transparenz und Konsistenz bilden die Basis eines guten Managements.

Motivieren Sie Ihr Team

Die Fähigkeit zu »sehen«, wie effektiv Ihre Mitarbeiter auf unterschiedlichen logischen Ebenen operieren, hilft Ihnen, erfolgreich zu intervenieren. Schauen Sie Ihren Mitarbeitern zu; beobachten Sie sie bei ihrer Arbeit. Fragen Sie sich selbst:

➡ Welche Resultate wollen Sie erzielen?
➡ Welches Umfeld wäre dafür förderlich?

Überlegen Sie, welche dauerhaften Verhaltensweisen Sie sich von Ihren Mitarbeitern wünschen, um die gewünschten Resultate zu erreichen. Analysieren Sie die Fähigkeiten, die sie dazu benötigen. Wie würde sich die Situation für sie anfühlen? Welche Gefühle würden sie zeigen? Welche Überzeugungen würden solche Gefühle und Emotionen stützen? Finden Sie heraus, was für Ihre Mitarbeiter wichtig ist und wie sie sich selbst sehen.

Die logischen Ebenen

Logische Ebenen helfen Ihnen, Muster und Strukturen in Ihrem Unternehmen zu erkennen, den Ursprung von Problemen zu lokalisieren und den erforderlichen Durchblick zu bekommen, um die Probleme anzugehen.

- **Umfeld** – Das physische Arbeitsumfeld und die Kollegen um Sie herum
- **Ergebnis** – Das Ergebnis, das Sie erzielen
- **Verhalten** – Ihre Aktivitäten und Verhaltensweisen
- **Fähigkeiten** – Wozu Sie in der Lage sind; die Summe Ihres Wissens, Ihrer Kenntnisse und Fertigkeiten
- **Einstellungen und Gefühle** – Wie Sie die gegenwärtige Situation empfinden
- **Überzeugungen** – Was Sie von Ihrer gegenwärtigen Situation halten
- **Werte** – Was für Sie wichtig ist
- **Identität** – Die Person, für die Sie sich selbst halten; Ihre Persönlichkeit

Alle logischen Ebenen einbeziehen

Die meisten Manager, die Veränderungen bewirken wollen, intervenieren auf der Verhaltensebene (»härter arbeiten«) und gelegentlich auf der Fähigkeitenebene (Schulung). Eine nachhaltige Veränderung setzt jedoch voraus, dass die Einstellungen, Überzeugungen, Werte und Identitäten der Mitarbeiter mit der erforderlichen Veränderung harmonieren. Solange hier Abweichungen bestehen, ist keine Motivation von Dauer.

Werte und Überzeugungen

Ein Team zu pflegen und zu motivieren, bringt unter Umständen sehr viel bessere Resultate, als wenn Sie sich nur auf die inhaltlichen Aufgaben des Teams konzentrieren.
Machen Sie sich als Manager Ihres Teams klar, dass es Ihre Aufgabe ist, den Schwerpunkt auf die Entwicklung der Fähigkeiten Ihrer Mitarbeiter zu legen.

Das richtige Arbeitsumfeld
Ein gut geplantes und freundlich gestaltetes Arbeitsumfeld kann sich positiv auf die Motivation auswirken.

Setzen Sie sich die richtigen Ziele

Es ist wichtig, dass Sie Ihre Mitarbeiter ermuntern, sich ihre eigenen Ziele zu setzen. Ziele dienen als Orientierungshilfe und Motivationsquelle und sind eine Stütze an Tagen, an denen die Dinge nicht so verlaufen, wie Sie es sich wünschen.

Machen Sie sich klar, was Sie wollen

Was den einen motiviert, motiviert den anderen noch lange nicht. Manche Menschen lassen sich von einem großen Ziel motivieren, während andere schneller realisierbare Miniziele benötigen. Ermuntern Sie Ihre Mitarbeiter, sich kurzfristige (tägliche/wöchentliche), mittelfristige (monatliche/jährliche) und langfristige (Jahrzehnt/Lebenszeit) Ziele zu setzen. Viele Menschen nehmen Ziele nicht ernst genug. Das führt häufig zu Orientierungslosigkeit und mangelnder Motivation. Verbreitete Gründe für das Versäumnis, sich Ziele zu setzen, sind mangelnde Kenntnisse, Trägheit, Versagensängste und Mangel an Konzentration. Ziele sind wichtig für die Motivation und sollten stets mit den eigenen Werten und Überzeugungen harmonieren.

> **Ziele müssen konkret, realistisch und anspruchsvoll sein.**

Effektive Ziele

Wenn Sie mit anderen zusammenarbeiten, sollten Sie mit folgenden zehn Fragen sicherstellen, dass die Ziele der Betreffenden motivationsfördernde Wirkung haben:

- Was genau wollen Sie?
- Wo stehen Sie jetzt gemessen an diesem Ziel?
- Wie werden Sie wissen, dass Sie das Ziel erreicht haben?
- Was werden Sie sehen/hören/fühlen/riechen/schmecken, wenn Sie das Ziel erreicht haben?
- Warum ist das für Sie so wichtig?
- Was haben Sie davon, wenn Sie das Ziel erreichen?
- Wo, wann, wie und mit wem wollen Sie das Ziel erreichen?
- Welche Ressourcen benötigen Sie, um dieses Ergebnis zu erzielen?
- Was wird anders sein, nachdem Sie das Ziel erreicht haben?
- Sind Sie überzeugt, dass Sie das Ziel erreichen können?

Erreichen Sie Ihre Ziele

Die bildliche Vorstellung spielt für die erfolgreiche Zielsetzung eine wichtige Rolle. Indem wir uns unsere Ziele visualisieren, können wir sie in Gedanken bereits »erleben«, bevor wir sie in Wirklichkeit erreicht haben. Wiederholen Sie diese Übung möglichst häufig.

- Wählen Sie sich ein Ziel aus einem bestimmten Bereich Ihres Lebens. Vergegenwärtigen Sie sich seine Einzelheiten.
- Lassen Sie sich ganz auf dieses Bild ein, sodass Sie das Erreichen des Ziels tatsächlich erleben. Wie fühlt es sich an, was sehen, hören und denken Sie? Wie behandeln andere Menschen Sie?
- Schauen Sie in die Zukunft jenseits des erreichten Ziels. Wie wirkt sich dieser Erfolg auf die verschiedenen Bereiche Ihres Lebens aus?
- Schauen Sie in die Vergangenheit und auf den Weg, der zu dem Ziel hinführt. Welche Erfolge haben Sie zu verzeichnen, welche Hindernisse haben Sie überwunden? Wie sehen sie jetzt aus, nachdem Sie sie überwunden haben? Wie fühlen Sie sich angesichts Ihrer Fortschritte?
- Gehen Sie nun im Geiste rückwärts: vom zukünftigen Erfolg bis zur Gegenwart. Welche Ressourcen benötigten Sie und was haben Sie aus den einzelnen Schritten für den weiteren Weg gelernt?
- Schauen Sie aus der Gegenwart nach vorn zu Ihrem Ziel und vergegenwärtigen Sie sich den Weg. Zeichnen Sie einen Plan mit den wichtigsten Stationen und den Ressourcen, die Sie nun benötigen.

SMARTe Ziele

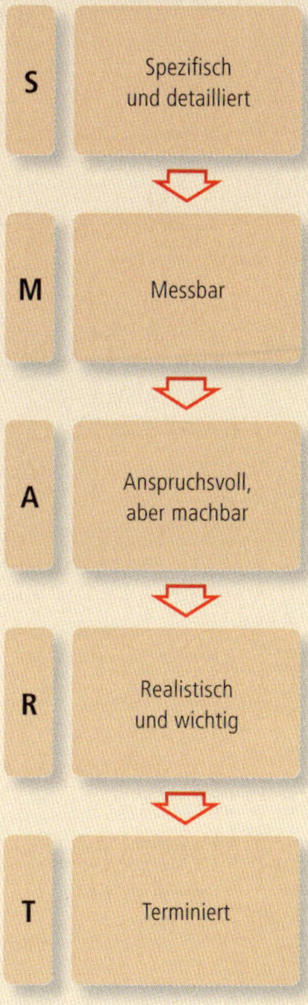

Zusammenfassung: Der richtige Weg

Wenn Sie mit Ihren Projekten erfolgreich sein wollen, müssen Sie die Mitglieder Ihres Teams motivieren. Lassen Sie sich von den großen Motivationstheorien inspirieren. Schaffen Sie die nötige Motivation mittels neuer Strategien und Informationen. Lassen Sie keinen Zweifel daran, was Sie von Ihren Mitarbeitern erwarten, und ermutigen Sie sie, negative Verhaltensmuster zu überwinden.

Ressourcen nutzbringend einsetzen

1 Motivationstheorien

- Stillen Sie niedrigere Bedürfnisse zuerst
- Identifizieren Sie Motivationsfaktoren mittels Maslows Bedürfnishierarchie
- Machen Sie sich mit der Zwei-Faktoren-Theorie, der Sales-Management-Theorie und der VIE-Theorie vertraut
- Lassen Sie sich von den großen Motivatoren inspirieren, wie Sie Ihr Team motivieren können

2 Nachhaltige Motivation

- Machen Sie sich mit den fünf Schritten zur Meisterschaft vertraut
- Überwinden Sie negative Verhaltensmuster, indem Sie sie sich bewusst machen
- Bringen Sie Ihr persönliches Streben ein und erhöhen Sie so Ihre Motivation
- Streben Sie nach Meisterschaft

3 Erfolgsstruktur

- Planen Sie im Voraus, damit Ihre Mitarbeiter wissen, was von ihnen erwartet wird
- Fragen Sie sich, welche Resultate Sie sich wünschen
- Machen Sie sich mit den logischen Ebenen vertraut
- Nutzen Sie alle Ebenen, um Veränderungen herbeizuführen

4 Zielsetzung

- Setzen Sie sich motivierende Ziele
- Stellen Sie geeignete Fragen, um herauszufinden, was Ihre Mitarbeiter motiviert
- Stellen Sie sich bildlich vor, dass Sie Ihre Ziele bereits erreicht haben
- Verwenden Sie den SMART-Test

3

Motivation im Management

Im heutigen Wettbewerbsklima fällt es mitunter schwer, motivierte Mitarbeiter zu finden. Nachdem Sie sie gefunden haben, müssen Sie sie managen und ihre Motivation aufrechterhalten. Dieses Kapitel handelt davon, wie Sie die motiviertesten Mitarbeiter an Land ziehen, managen und bei der Stange halten. Es zeigt Ihnen:

- warum es so wichtig ist, die Besten zu rekrutieren,
- wie Sie Schulungen und Personalentwicklung so organisieren, dass sie belohnen und inspirieren,
- warum motivierende Besprechungen wichtig sind, um ein Spitzenteam aufzubauen,
- wie Sie nachhaltig motivieren.

Engagieren Sie die richtigen Leute

Ein erfolgreiches Recruiting setzt sorgfältige Planung und Überlegung voraus. Indem Sie die richtigen Mitarbeiter für Ihr Unternehmen finden und gewinnen, sind Sie in der Lage, ein hoch motiviertes Team zu entwickeln.

Rollenbeschreibung

Es ist wichtig, dass Sie die Rolle spezifizieren, für die Sie jemanden suchen. Wenn Sie die richtigen Leute rekrutieren wollen, müssen Sie sich über die Stellenbeschreibung, den Zweck der Rolle und die Art von Person, die diese Rolle im Kontext Ihres Unternehmens am besten ausfüllen könnte, ausführlich Gedanken machen. Eine schriftliche Stellenbeschreibung ist nützlich, nicht nur für externe Agenturen, sondern auch um die intern am Recruitingprozess des Unternehmens beteiligten Leute auf eine Linie einzuschwören. Ein Kandidatenprofil kann ebenfalls sinnvoll sein – es lässt sich leicht in die Stellenbeschreibung integrieren.

Think SMART

Gutes Management beschränkt sich nicht auf die Motivierung bereits vorhandener Teammitglieder. Entscheidend dafür, ob es Ihnen gelingt, die richtigen Mitarbeiter überhaupt erst in Ihr Team zu locken, ist Ihre Fähigkeit, potenzielle Teammitglieder zu motivieren.

Wenn Sie potenziellen Mitarbeitern oder Teammitgliedern keinen Grund bieten, sich Ihrem Unternehmen anzuschließen, werden Sie auch nicht die Kandidaten erreichen, die Sie für ein hoch motiviertes Team brauchen. Bevor Sie neue Mitarbeiter rekrutieren, sollten Sie überlegen, was Ihr Unternehmen ihnen bieten kann. Planen Sie Ihre Interviews sorgfältig und geben Sie Feedback.

Wenn die Leiter nicht an der richtigen Mauer steht, führt uns jeder Schritt, den wir unternehmen, nur schneller zum falschen Ort.

Steven Covey

Talent anlocken

Der Schlüssel zur Schaffung eines motivierten Teams besteht darin, die richtigen Leute ins Unternehmen zu holen. Je attraktiver Sie für potenzielle Mitarbeiter sind, desto mehr Auswahl haben Sie beim Recruiting.

➡ Das interne Recruiting stellt eine wertvolle Talentquelle dar; es ist kosteneffektiv, bietet Beförderungsmöglichkeiten, belohnt und honoriert Einsatz und Leistung. Nutzen Sie das Schwarze Brett, das Intranet, die Mitarbeiterzeitung oder interne Besprechungen.

➡ Empfehlungen sind eine kosteneffektive und äußerst zielgerichtete Möglichkeit, kompetente Mitarbeiter zu erreichen. Sie können ein Empfehlungssystem einrichten, das bestehende Mitarbeiter für das erfolgreiche Recruiting neuer Teammitglieder belohnt.

➡ Platzieren Sie eigene Anzeigen und führen Sie eigene Kampagnen durch. Infrage kommen Tageszeitungen, Fachzeitschriften, Graduiertenprogramme, Jobcenter und Tage der offenen Tür.

➡ Beauftragen Sie professionelle Personalvermittler – entweder von Fall zu Fall oder als feste Partnerschaft. Das, was externe Agenturen anbieten und leisten, variiert stark, sodass Sie gründlich recherchieren sollten, bevor Sie eine Entscheidung treffen.

Wer soll es sein?

Das Ziel eines Kandidatenprofils ist es, die persönlichen Merkmale, Erfahrungen und Fähigkeiten der gesuchten Person zu spezifizieren. Kandidatenprofile unterscheiden häufig zwischen notwendigen und wünschenswerten Kriterien:

- **Äußere Anforderungen** – Sprache, allgemeines Auftreten, Benehmen, Fitness
- **Beruflicher Werdegang** – Ausbildung, Qualifikationen, Erfahrung, bisherige Erfolge
- **Jobrelevante persönliche Qualitäten** – Einfühlungsvermögen, Kommunikationsgeschick, Motivation
- **Persönlichkeit** – Fähigkeit, sich in ein bestehendes Team einzufügen
- **Interessen** – Jobrelevante Aktivitäten und Hobbys

Der Auswahlprozess

Die Qualität Ihres Auswahlprozesses entscheidet nicht nur darüber, ob Sie die richtigen Mitarbeiter auswählen, sondern auch darüber, ob diese sich entschließen, für Ihr Unternehmen zu arbeiten. Ein vordefinierter, objektiver Prozess gewährleistet auf professionelle und effiziente Weise, dass Sie die richtigen Leute in Ihr Unternehmen bekommen. Es gibt mehrere Auswahlinstrumente für unterschiedliche Situationen, die freilich stets von erfahrenen und hinreichend geschulten Leuten angewandt werden sollten.

- **Auswahlinterviews** lassen einen oder mehrere Interviewer zu. Sie sind das am häufigsten verwendete Instrument der Personalbeschaffung.
- **Assessment-Center** gewinnen zunehmend an Popularität – insbesondere, wo es um Manager oder hohe Positionen geht. Sie können mehrere Kandidaten gleichzeitig liefern und haben sich als effektives Instrument erwiesen, um den Erfolg des Bewerbers im Vorfeld abzuschätzen. Assessment-Center verwenden in der Regel schriftliche Tests, Einzelinterviews, Gruppenübungen sowie Präsentationen.
- **Psychologische Tests** konzentrieren sich entweder auf den Wer-

Trainieren Sie Ihre Technik Wenn Sie bislang noch keine Einstellungsgespräche geführt haben, sollten Sie dies mit einem Freund oder Kollegen üben, um Ihre Schwachpunkte zu ermitteln.

Das perfekte Interview

POSITIVE WIRKUNG

- Verfassen Sie eine klare Jobbeschreibung
- Lesen Sie den Lebenslauf des Kandidaten vor dem Interview und recherchieren Sie ehemalige Arbeitgeber
- Begrüßen Sie die Kandidaten und starten Sie das Interview pünktlich
- Bereiten Sie das Interview vor
- Geben Sie Feedback und bleiben Sie nach dem Interview am Ball
- Achten Sie darauf, dass alle Verfahren fair und gesetzeskonform sind

NEGATIVE WIRKUNG

- Nicht sorgfältig planen
- Während des Gesprächs den Lebenslauf des Kandidaten zum ersten Mal lesen
- Den Kandidaten warten lassen; keinen geeigneten Raum im Voraus reservieren
- Ungeplante Interviews führen
- Kein Feedback geben
- Voreingenommenheit demonstrieren oder gesetzliche Vorschriften ignorieren

---

degang, auf Fähigkeiten und allgemeine Intelligenz und Psychometrie oder aber auf die Persönlichkeit. Zur letzteren Gruppe gehören beispielsweise der Myers-Briggs-Test und der Occupational Personality Questionnaire (OPQ). Die Durchführung und Auswertung psychologischer Tests erfordert eine professionelle Schulung.

Ein guter Auswahlprozess gewährleistet ein gutes Ergebnis.

- **Panel-Interviews** werden häufig genutzt, um Bewerber für Jobs mit hohem Stressfaktor oder Wettbewerbsdruck zu testen. Trotz ihrer etwas archaischen Anmutung stellen sie ein effektives Mittel dar, um die Kandidaten unter Druck zu setzen. Die Reaktion des Bewerbers auf diesen Druck zeigt den Interviewern, ob er die für die betreffende Position erforderlichen Qualitäten mitbringt oder nicht.
- **Rollenspiele** können nützlich sein, um das Arbeitsumfeld zu simulieren und sich ein Bild von den Verhaltensweisen und Gewohnheiten des Kandidaten bei der Arbeit zu verschaffen.

Schulung und Entwicklung

Strukturierte Schulungs- und Entwicklungsprogramme stellen eine wesentliche Voraussetzung für die Entwicklung nachhaltiger Arbeitsmoral und Motivation dar. Wann immer Beschäftigte gefragt werden, was sie motiviert, steht die persönliche Entwicklung an herausragender Stelle.

Permanente Schulung

Ob Sie Ihre Mitarbeiter in die Bedienung eines neuen Gerätes einweisen, bestehende Fähigkeiten ausbauen, fehlende Fähigkeiten ergänzen wollen – Schulungen sind ein entscheidender Erfolgsfaktor moderner Unternehmen. Wenn Sie wollen, dass Ihre Mitarbeiter die Entwicklungsprogramme positiv bewerten, müssen sie langfristig ausgelegt und konsistent sein. Der Schlüssel zum Erfolg eines jeden Entwicklungsprogramms ist die Analyse des Schulungsbedarfs. Eine solche Analyse braucht weder kosten- noch zeitintensiv zu sein. Wichtig ist, die Managerschulung nicht zu vergessen. Viele Unternehmen investieren massiv in die Mitarbeiterschulung, versäumen es jedoch, ihre Manager angemessen zu entwickeln.

Der richtige Trainer

Entscheidende Bedeutung kommt der Qualität des internen oder externen Trainers zu, der die Schulungen entwickelt und durchführt. Wenn Sie hier die richtige Wahl treffen, haben Sie eine sehr viel höhere Wahrscheinlichkeit, dass die Kurse sowohl den Teilnehmern als auch dem Unternehmen einen nachhaltigen Nutzen bringen.

Maßgeschneiderter Ansatz

Beginnen Sie mit einer einzelnen Abteilung oder einem Team und fragen Sie sich, welche geschäftlichen Ziele dieses Team vorrangig verfolgt

↓

Listen Sie die zentralen Verhaltensmuster und die zentralen Fähigkeiten auf, die das Team benötigt

↓

Bewerten Sie jetzt die aktuellen Verhaltensmuster des Teams

↓

Sobald Sie auf »Lücken« stoßen, müssen Sie ermitteln, ob dafür ein Mangel an Fähigkeiten oder ein Mangel an Motivation oder beides verantwortlich ist

Die richtige Form

Sobald klar ist, was geschult werden soll, kommt es darauf an, dass das Entwicklungsprogramm in einer möglichst effizienten Form angeboten wird.

Form	Pro	Kontra
Gruppenschulung	Fördert Teamgeist, ist kosteneffektiv, verwendet einen Standardansatz	Lernstil und Bedürfnisse der Menschen sind verschieden, Schulung bedeutet Auszeiten im Unternehmen
Einzelschulung	Auf die Person zugeschnitten, zeitnah, flexibel	Erfordert Auszeit, entbehrt gelegentlich des entscheidenden Schwungs
Training am Arbeitsplatz	Zeiteffektiv, themenkonzentriert und relevant, lässt sich firmenintern organisieren	Kann schlechte Gewohnheiten verfestigen, wird leicht vergessen oder verschoben
Mentoring	Fördert internes Talent, nutzt im Unternehmen vorhandene Erfahrungen/Fähigkeiten, kontextgenau	Kann schlechte Gewohnheiten verfestigen, übersieht möglicherweise externe Lösungen, kann die individuelle Verantwortung ersticken
E-Learning	Billig, einfach und schnell, kann in der Freizeit erfolgen, erfordert keinen Trainer/Betreuer	Wird nicht immer richtig ausgeführt, passt nicht jedem, lässt wichtige persönliche Elemente außer Acht
Selbststudium – Bücher, Videos, DVDs	Billig und einfach, kann in der Freizeit erfolgen, erfordert möglicherweise keinen Betreuer/Trainer	Passt nicht jedem, erfordert Selbstdisziplin, muss an den Kontext Ihres Unternehmens angepasst werden
Externe Seminare und Workshops	Möglichkeit, neue Kontakte zu knüpfen, Leitung durch Experten, kosteneffektiv, wenn nur wenige Leute aus der eigenen Firma geschult werden sollen	Erfordert Abwesenheit vom Büro, verpasste Kurstermine lassen sich nur schwer nachholen
Fernseminare/Telekolleg	Billig und einfach, schnell und effektiv, kann intern und extern angeboten werden	Kein persönlicher Kontakt, wird von manchen nicht ernst genommen

Entwickeln Sie ein Schulungskonzept

Dies ist Ihre Präsentationsplattform, also bereiten Sie sie gut vor! Wappnen Sie sich für Überraschungen. Indem Sie Ihre eigene Checkliste erstellen, verringern Sie die Wahrscheinlichkeit, dass Ihnen etwas dazwischenkommt, auf das Sie nicht vorbereitet sind.

- Berücksichtigen Sie die Unterschiedlichkeit der Menschen, die Ihre Präsentation besuchen werden, und überlegen Sie sich, wie Sie jeden von ihnen in Ihren Bann ziehen.
- Sie müssen visuell, auditiv und haptisch veranlagte Menschen ansprechen; passen Sie Ihre Sprache deshalb an alle drei Typen an.
- Wenn Sie bemerken, dass die Aufmerksamkeit Ihrer Zuhörer während der Präsentation abschweift, sollten Sie darauf gefasst sein, den Vortragsschwerpunkt zu verändern, um ihr Interesse erneut zu wecken.

Unterschiedliche Faktoren berücksichtigen

Faktor	Empfehlungen
Visuell veranlagt	Verwenden Sie Flipcharts, Videos, Modelle, PowerPoints und Handouts, um Zuhörer anzusprechen, die »sehen« wollen, was Sie zu sagen haben.
Auditiv veranlagt	Achten Sie auf eine klare Sprache, legen Sie Emotionen in Ihre Worte. Ermuntern Sie zu Gruppendiskussionen.
Haptisch veranlagt	Schaffen Sie Modelle, die sich unmittelbar anwenden lassen. Veranstalten Sie praktische Übungen. Verteilen Sie Handouts zum Anfassen.
Warum?	Erklären Sie, warum diese Schulung wichtig ist, und verknüpfen Sie sie mit der Performance und eventuellen Prämien.
Was?	Liefern Sie Statistiken, Fakten und Fallstudien. Untermauern Sie Ihre Aussagen mit soliden Fakten.
Wie?	Beteiligen Sie die einzelnen Zuhörer. Veranstalten Sie Übungen und Rollenspiele. Ermuntern Sie zur Beteiligung.
Was wäre wenn?	Ermuntern Sie zum Brainstorming, zur Handlungsplanung und zur Zukunftsplanung.
Pausen	Legen Sie adäquate Pausen für Zuhörer mit kurzer Aufmerksamkeitsspanne ein, die regelmäßige Unterbrechungen benötigen.

Gründliche Vorbereitung

Mit effektiven Schulungsangeboten können Sie den Motivationsgrad in Ihrem Unternehmen signifikant erhöhen. Behalten Sie bei der Planung immer die Zielgruppe und den ermittelten Schulungsbedarf im Auge. Damit die Schulungsteilnehmer der Veranstaltung engagiert folgen, ist es wichtig, dass Sie die richtigen Themen im richtigen Schwierigkeitsgrad präsentieren. Mit Fragen wie »Welche Themen nützen den Teilnehmern?« und »Wie sieht die beste Schulungsform aus?« kommen Sie der Sache näher. Die Struktur des Trainings und seine grobe Gliederung sollten im Voraus bekannt sein.

Sitzungsablauf

Sprechen Sie klar und zuversichtlich und verwenden Sie die gesamte Bandbreite Ihrer Stimme. Halten Sie Blickkontakt. Wenn Sie bislang wenig präsentiert haben, sollten Sie etwas üben. Das hilft Ihnen, Selbstvertrauen zu gewinnen und ein Zeitgefühl zu bekommen. Beantworten Sie Fragen erst am Schluss der Präsentation. Bleiben Sie ruhig und lassen Sie sich nicht irritieren. Auch mit schwierigen Fragen bezeugt das Publikum sein Interesse! Wenn Sie die Antwort nicht wissen, »kaufen« Sie sich Zeit, indem Sie die Frage an einen anderen Zuhörer weiterreichen oder den Fragesteller um nähere Angaben bitten. Versuchen Sie etwas zu sagen wie: »Das ist eine interessante Frage, John, lasst uns herausfinden, was die anderen denken. Mary, was meinst du dazu?« Versuchen Sie auf keinen Fall zu bluffen, wenn Ihnen die Fakten fehlen.

5 Minuten Lösung

Wenn Sie kurzfristig und ohne große Vorbereitung eine Schulung zu leiten haben, können Sie versuchen, zu jeder der folgenden Fragen fünf Stichworte zu notieren:

- Was sollen die Teilnehmer nach der Schulung anders machen als zuvor?
- Was wird sie in ihren neuen Verhaltensweisen bestärken?
- Wie wollen Sie das Interesse Ihrer Zuhörer wecken?
- Wie wollen Sie sie zur Interaktion ermuntern?

Erfolgreich planen

Es ist wichtig, dass Sie wissen, wie Sie Ihre Schulungseinheiten im Interesse der Nachhaltigkeit und des dauerhaften Nutzens für das Unternehmen nachbereiten können. Die Menschen müssen wissen, welchen Nutzen ihnen die Schulung bringt und wie sie sich auf die Gesamtperformance und die individuellen Resultate niederschlägt. Sie müssen auch wissen, wie sie für Verbesserungen belohnt werden. Für alle Schulungsprogramme sollten im Vorwege Ziele festgelegt werden. Wer weiß, warum er eine Schulung besucht und was er daraus mitnehmen muss, hört konzentrierter und motivierter zu.

Nachbereitung

Die Teilnehmer müssen zudem wissen, wie es nach der Schulung weitergeht, was sie infolge der Schulung anders machen sollen und wie Sie sie darin unterstützen werden. Setzen Sie nach der Schulung eine Besprechung an, um mit den Betreffenden zu erörtern, in welchem Maße sie ihre Lernziele erreicht haben und was sie tun müssen, um das Gelernte in die Praxis umzusetzen. Sie müssen eine geeignete Frist zur Überprüfung dieses Prozesses setzen und über die nächsten Schritte entscheiden.

Zusammenarbeit Wenn Teammitglieder Schwierigkeiten haben, als Gruppe zusammenzuarbeiten, kann ihnen mit einer Schulung geholfen werden, die Möglichkeiten einer erfolgreichen Kooperation auszuloten.

Fallstudie: Schulungen effektiv gestalten

Eine Medienagentur veranstaltete Schulungen, um ihre Mitarbeiter stärker zu motivieren und deren Fähigkeiten zu verbessern. Vor der Schulung fanden keinerlei Gespräche statt, und die Teilnehmer besuchten die Kurse häufig ohne jede Zielvorstellung. Sie wussten nicht, wofür der Kurs da war und was er ihnen bringen würde, und fanden, dass es wichtigere Dinge gab. Aus Sicht der Unternehmensführung waren die Kurse teuer und ineffektiv. Das Management beschloss, sich mit den Mitarbeitern vor Beginn der Schulung einzeln zusammenzusetzen, um zu erörtern, was sie sich von der Schulung erhofften und wie das Gelernte umgesetzt werden könnte, und sie nach der Schulung bei der Umsetzung des Gelernten zu unterstützen.

- *Als das Management erkannte, dass es den Schulungsprozess unterstützen musste, war es in der Lage, die geeigneten Strukturen zu installieren.*
- *Die Teilnehmer der Schulungen begannen, sich selbst für ihre eigene Entwicklung verantwortlich zu fühlen, und rasch verbesserten sich daraufhin die Resultate.*

Weitergabe

Menschen können Informationen besonders gut verinnerlichen, wenn sie wissen, dass sie sie über kurz oder lang an andere weitergeben müssen. Vereinbaren Sie vor Beginn einer Schulungseinheit mit den Teilnehmern, dass sie im Anschluss daran eine kurze Zusammenfassung für ihre Kollegen erstellen sollen, um das Erlernte weiterzureichen. Diese Mini-Schulungseinheiten durch einzelne Teammitglieder können beispielsweise dazu genutzt werden, um die morgendlichen oder regulären Besprechungen abwechslungsreicher zu gestalten.
Indem Sie die Mitglieder Ihres Teams ermuntern, Verantwortung für ihre eigene Entwicklung zu übernehmen, helfen Sie ihnen, einen guten Teamgeist zu erzeugen und mit guter Zusammenarbeit Effektivität und Produktivität zu erhöhen.

Eine effektive Schulung verbessert die Motivation.

Motivierende Teambesprechungen

Die Art, wie Sie reguläre Besprechungen planen, gestalten und durchführen, spielt eine wichtige Rolle für die Motivation Ihres Teams und jedes einzelnen Mitarbeiters. Gute Besprechungen sind eine potenzielle Inspirationsquelle und fördern den Zusammenhalt des Teams.

Volle Beteiligung

Eine effektive Besprechung muss geplant werden und einen klaren Zweck verfolgen. Sie ermuntert die Teilnehmer, sich zu beteiligen und ihre Meinung zu sagen. Sie wird als Gelegenheit gesehen, um Probleme und Schwierigkeiten zu besprechen, Situationen zu analysieren, Lösungen zu eruieren und Vorgehensweisen zu diskutieren. Sie findet regelmäßig statt, beginnt und endet pünktlich und ist in Inhalt und Qualität konsistent.

Störungen vermeiden

Halten Sie die Tür zum Besprechungsraum geschlossen und bringen Sie von außen einen Hinweis an, dass gerade eine Besprechung läuft. Sorgen Sie dafür, dass die Zentrale informiert ist, Anrufer an andere Mitarbeiter weitergeleitet werden und nicht an der Besprechung beteiligte Kollegen wissen, dass sie nur in dringenden Notfällen stören dürfen. Damit stellen Sie unter anderem sicher, dass Mitarbeiter, deren Anwesenheit unentbehrlich ist, die Sitzung nicht einfach verlassen.

Think SMART !

Bereiten Sie sich gründlich auf Ihre Besprechung vor. Wenn Sie sie nicht ernst nehmen, werden es auch Ihre Mitarbeiter nicht tun.

Die Vorbereitung braucht nicht viel Zeit in Anspruch zu nehmen, aber sie muss sein. Neben dem Inhalt Ihrer Besprechung sollten Sie unter anderem folgende Dinge bedenken: Raumgestaltung, Handouts/Broschüren/Dokumente, Notizblöcke und Stifte, PowerPoint-Dateien, Steckdosen, Beleuchtung, Klimatisierung, Fluchtwege, Toiletten, Flipcharts, Pausen und Erfrischungen.

Besprechungen planen

Obgleich die meisten Manager immer mehr Zeit mit Besprechungen verbringen, führen die wenigsten von ihnen regelmäßige Besprechungen mit ihrem Team durch.

Der wichtigsten Gründe dafür sind mangelnde Planung, mangelnde Erfahrung, fehlende Überzeugung und schlechte Erfahrungen in der Vergangenheit. Fragen Sie sich selbst:

- Welchen Zweck verfolgen regelmäßige Besprechungen?
- Welche Zeit eignet sich für Ihre Besprechungen am besten? Wie häufig sollten die Besprechungen stattfinden?
- Was soll Ihr Team aus den Besprechungen mitnehmen? Wie können Sie dieses Ergebnis am besten erreichen?
- Wie können Sie die Beteiligung Ihrer Mitarbeiter stärken?
- Wie können Ihre Mitarbeiter ihre positiven Erfahrungen und ihre erprobten Vorgehensweisen am besten weitergeben?
- Wo sollte die Besprechung stattfinden? Wie lange sollte sie dauern?
- Welche Ressourcen/Hilfsmittel benötigen Sie für Ihre Besprechung?
- Wie stellen Sie sicher, dass Ihre Besprechungen auf Dauer motivierend bleiben? Was können Sie tun, wenn das Interesse der Teilnehmer nachlässt?

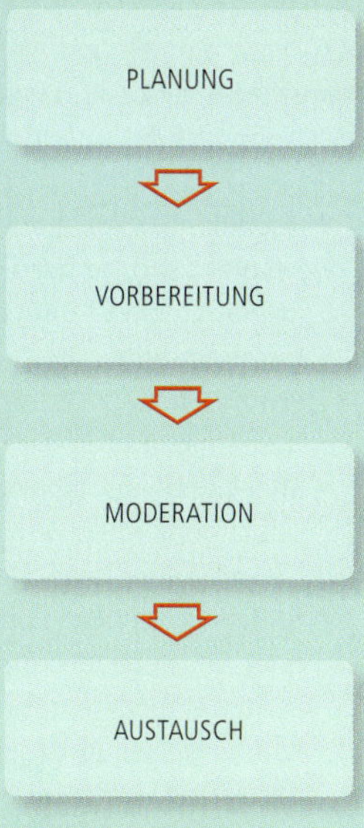

Machen Sie das Beste aus Ihrer Besprechung Planen und leiten Sie Ihre Besprechung umsichtig. Ermuntern Sie zur Beteiligung und zum Austausch.

TIPP **Motivieren Sie sich vor einer Besprechung selbst. Sie können keine positiven Emotionen bei Ihren Mitarbeitern erzeugen, solange Sie selbst nicht die richtige Haltung haben.**

Positive Einstellung

Jede Besprechung sollte ein positiver Anker für die Art von Einstellungen und Verhaltensweisen sein, wie Sie sie in Ihrem Unternehmen täglich erleben möchten. Einer der Hauptgründe, warum Manager gar keine regulären Besprechungen mehr abhalten oder ihnen nicht genug Bedeutung beimessen, ist das Ausbleiben der erhofften Resultate. Jede Besprechung sollte eine positive und dynamische Erfahrung darstellen. Es gibt verschiedene Besprechungsstrategien und -techniken, die Sie auf Ihre Bedürfnisse zurechtschneiden können, um aus Ihren Besprechungen das Bestmögliche herauszuholen.

- **Agenda** – Formulieren Sie eine kurze Tagesordnung für die Besprechung, damit die Teilnehmer wissen, worum es geht und wie lange die Sitzung dauern wird.
- **Nachbereitung** – Besprechungen bedürfen einer Nachbereitung; erwähnen Sie in jeder Sitzung, was aus den Beschlüssen und Handlungsplänen der letzten Sitzung geworden ist.
- **Mini-Schulungseinheiten** – Solche Einheiten können von Ihnen selbst oder von einem Mitarbeiter präsentiert werden. Sie dauern in der Regel fünf bis fünfzehn Minuten und sind dazu gedacht, neue Informationen zu vermitteln, ältere Informationen zu überprüfen und/oder bestehende Fähigkeiten zu

Wechseln Sie die Form Wenn die Teilnehmer Ihrer Besprechung Langeweile und Unkonzentriertheit zeigen, können Sie ihre Aufmerksamkeit mit einem ungewöhnlichen Schritt erneut wecken.

Dynamische Besprechungsstrategien

POSITIVE WIRKUNG

- Machen Sie sich Ihre Ziele klar
- Planen Sie die Struktur Ihrer Besprechungen
- Beteiligen Sie das gesamte Team
- Legen Sie den Zeitpunkt fest
- Beschließen Sie Schritte und führen Sie sie nach der Besprechung auch wirklich aus

NEGATIVE WIRKUNG

- Sitzungen ohne klaren Zweck
- Während der Besprechung improvisieren
- Nicht alle Teammitglieder zur Besprechung einladen
- Besprechungen absagen/verschieben
- Ohne Ende quatschen

---

erweitern. Achten Sie auf rege Beteiligung und stellen Sie die Erfolgskontrolle sicher.

- **Energie tanken** – Diese Aktivitäten, die zwischen dreißig Sekunden und fünf Minuten dauern, dienen dazu, durch körperliche Bewegung Energie zu erzeugen und den Spaßfaktor zu erhöhen, beispielsweise durch ein Rollenspiel, eine simple Streckübung oder eine La-Ola-Welle. Die Teilnehmer fühlen sich daraufhin gestärkt und erfrischt.
- **Problemlösung** – Bitten Sie jeden Anwesenden, auf einem Blatt Papier ein Problem zu notieren, für das er sich Lösungsvorschläge wünscht. Reichen Sie die Blätter während der Besprechung herum und fordern Sie alle Anwesenden auf, zu jedem Problem einen Vorschlag zu notieren. Geben Sie die Blätter an die jeweiligen Urheber zurück. Alternativ können Sie die Anwesenden in zwei Gruppen unterteilen, die sich wechselseitig ein Problem vorlegen, an dessen Lösung sie interessiert sind. Jede Gruppe hätte dann zehn Minuten Zeit, um sich mögliche Lösungen auszudenken.
- **Brainstorming** – Hier bietet sich die Möglichkeit, sich ganz auf ein angestrebtes Ergebnis zu konzentrieren und gemeinsam Ideen zu sammeln, wie sich dieses Ergebnis erreichen ließe. Die Ideen können entweder sofort umgesetzt werden oder durch weitere Recherchen und Vorarbeiten ergänzt werden.

Die Möglichkeiten eines Menschen sind nur durch seine Vorstellungskraft und seine Einsatzbereitschaft beschränkt. Anthony Robbins

---

Belohnen Sie Spitzenleistung

Belohnungen sind ein hervorragendes Instrument, um Mitarbeiter nachhaltig zu motivieren. Die Mitarbeiter erwarten, dass die Belohnungen fair sind und dem gezeigten Engagement entsprechen.

Viele Variablen

Belohnungsmanagement ist ein komplexes Thema: Sie müssen ein Belohnungssystem entwickeln, aufrechterhalten und kommunizieren, das die Mitarbeiter zu Höchstleistungen anspornt. Wenn Sie ein gut durchdachtes Belohnungssystem für Ihr Team einrichten wollen, müssen Sie verschiedene Ansätze und Variablen berücksichtigen.

Wichtige Fragen

Was in Ihren Augen ein faires Belohnungspaket ist, hängt stark von Ihrer eigenen Wahrnehmung ab. Bei der Gestaltung von Belohnungen sollten Sie sich stets Ihrer eigenen Überzeugungen zum Thema Belohnungen bewusst sein.

- Sollen Mitarbeiter für die Tätigkeiten belohnt werden, die sie verrichten, oder für ihre Fähigkeiten und Kenntnisse?
- Soll für Belohnungen das Dienstalter oder die Leistung maßgeblich sein?
- Soll die vermeintliche Stellung Ihres Unternehmens im Markt bei der Gewährung von Belohnungen eine Rolle spielen?

Fallstudie: Mitarbeiter miteinbeziehen

Rory nahm seine neue Rolle als Bereichsleiter zum Anlass, sich ein performanceschwaches Team zur Brust zu nehmen. Im Laufe mehrerer Besprechungen wurde ihm klar, dass die Teammitglieder mit einigen Elementen des Belohnungssystems nicht einverstanden waren. Sie empfanden es als unfair und in der Branche nicht konkurrenzfähig. Unter Mithilfe des Teams überarbeitete Rory das System und erhöhte die Motivation und die Resultate im gesamten Unternehmen.

- *Indem die Mitarbeiter einbezogen wurden, wurde ihnen das Gefühl vermittelt, dass ihr Beitrag geschätzt wird.*
- *Die Überarbeitung des Belohnungssystems wirkte sich auf das Team und auf das gesamte Unternehmen positiv aus.*

Belohnungsarten

Es gibt viele Formen von Belohnungen, und Sie müssen sich ein genaues Bild von den Motivationsfaktoren eines Menschen machen, bevor Sie entscheiden können, welche Belohnung sich für ihn am besten eignet:

- **Geld** – Umsatzbeteiligung, Gehaltszulagen, Prämien, gewinnabhängige Bezahlung, Autopauschale, Benzinpauschale
- **Schulung/Entwicklung** – Persönlichkeitsentwicklung und Fortbildung
- **Ausrüstung** – Laptop, Mobiltelefon, Organizer, Firmenwagen etc.
- **Darlehen** – Vorschüsse für Netzkarten/Zeitkarten zum Reisen oder andere Vergünstigungen
- **Materielle Geschenke** – Gutscheine, Kino- oder Theaterkarten, Weinflasche, MP3-Player
- **Offsite-Tage** – Team- oder Firmenveranstaltungen wie Kartfahren, Essengehen, Bowling, Paintball
- **Geldwerte Vorteile** – Krankenversicherung, Altersversorgung, Beteiligungsmodelle, Zahnarztversicherung, kostenloser Treibstoff
- **Persönliche Vorteile** – Freie Kinderbetreuung, verlängerter Urlaubsanspruch, Veranstaltungen mit Partner/Familie, Mitgliedschaft im Fitnessstudio
- **Anerkennung** – Handschriftlicher Brief, Erwähnung in der Firmenzeitung, ein simples »Danke«

- Sollten andere Unternehmen und Branchen bei der Gewährung von Belohnungen als Vergleichsmaßstab herangezogen werden?
- Sollten Belohnungen zentral (etwa von der Personalabteilung des Geschäftsbereichs) oder lokal von Managern bestimmt werden?
- Sollte Ihre Stellung in der Unternehmenshierarchie Einfluss auf Ihr Gehalt haben?
- Soll die Belohnung eines Mitarbeiters auch an den Erfolg anderer Mitarbeiter gekoppelt werden?

Obwohl es keine »richtigen« Antworten auf diese Fragen gibt, markieren sie wichtige Aspekte, die bei der Gestaltung eines Belohnungssystems bedacht werden müssen. Am wichtigsten ist dabei die Frage, inwieweit sich die jeweilige Art der Belohnung zur Motivationssteigerung eignet.

Zu Resultaten anspornen

Bei der Gestaltung von Belohnungssystemen ist es wichtig, dass Sie die einzelnen Menschen in Ihrem Team ebenso berücksichtigen wie Ihre Unternehmenskultur, um die besten Resultate zu erzielen. Untersuchungen haben gezeigt, dass Mitarbeiter Belohnungssysteme bevorzugen, die ihren Einsatz und ihre Resultate einbeziehen. Das Gehalt eines Verkäufers setzt sich eigentlich immer aus Fixum und Erfolgsprämie zusammen, ein solches Modell kann aber auch für andere Berufsgruppen sinnvoll sein. Entscheidend dafür, ob eine Belohnung von hohem oder geringem Wert ist, ist die Wahrnehmung des Empfängers selbst. Was im einen Unternehmen oder im einen Team besonders geschätzt wird, mag im anderen Team oder in einem anderen Unternehmen als geringwertig betrachtet werden, und die effektivste Belohnung kann sogar etwas sein, was nur sehr wenig kostet.

Erst recherchieren Wenn Sie effektiv motivieren wollen, müssen Sie die Belohnungskultur in dem betreffenden Unternehmen kennen.

Belohnungscheckliste	
Unser Belohnungssystem hat sowohl fixe als auch variable Elemente	☐
Wir haben die Belohnungsvariablen unter die Lupe genommen und entschieden, was für unser Unternehmen wichtig ist	☐
Wir haben Belohnungssysteme für Verkäufer und andere Mitarbeiter	☐
Unsere Belohnungen kommen Mitarbeitern zugute, die jene Verhaltensweisen zeigen, die wir von ihnen erwarten	☐
Wir haben den Anteil der hochwertigen Belohnungen erhöht und den Anteil der geringwertigen Belohnungen verringert	☐
Unsere Belohnungen sind fair und gerecht und belohnen Unternehmensperformance und individuelle Resultate	☐

Die vier Belohnungstypen

Die Kosten einer Belohnung stehen fest, aber ob die Belohnung als hoch- oder geringwertig wahrgenommen wird, hängt von der Person ab, der sie zugedacht ist.

WERT / KOSTEN	Gering	Hoch
Hoch	**Geringe Kosten/ hoher Wert** Belohnungen dieser Art sind preiswert, werden aber als hochwertig wahrgenommen.	**Hohe Kosten/ hoher Wert** Belohnungen dieser Art haben einen hohen Mehrwert. Aufgrund ihrer hohen Kosten müssen sie mit Bedacht vergeben werden.
Gering	**Geringe Kosten/ geringer Wert** Kostengünstige Belohnungen dieser Art werden häufig von Managern vergeben, die darin lediglich eine Pflichtübung sehen.	**Hohe Kosten/ geringer Wert** Belohnungen dieser Art sind teuer, ohne dass der Empfänger viel davon hätte.

- **Geringe Kosten/hoher Wert** – Kino- oder Theaterkarten oder eine Flasche Wein als Tagesprämie wirken stark motivierend.
- **Hohe Kosten/hoher Wert** – Solche Belohnungen sollten in jedem guten Belohnungspaket signifikant vertreten sein. Dazu gehören Altersversorgung oder Krankenversicherungen.
- **Hohe Kosten/geringer Wert** – Das kann ein Beteiligungsmodell sein, bei dem Mitarbeiter Anteile am Unternehmen erhalten, was jedoch in der Regel als Selbstverständlichkeit und nicht als Bonus wahrgenommen wird. Den hohen Kosten steht keine motivationsfördernde Wirkung gegenüber.
- **Geringe Kosten/geringer Wert** – Gutscheine oder Frühstück im Büro. Bei falscher Anwendung wirken sie mitunter sogar demotivierend.

Zusammenfassung: Teamentwicklung

Die Rekrutierung der richtigen Leute ist der Schlüssel für die Schaffung eines motivierten Teams. Richten Sie gute Recruitingprozeduren ein und machen Sie sich mit effektiven Interviewtechniken vertraut. Führen Sie Schulungen ein und halten Sie motivierende und inspirierende Besprechungen ab. Belohnen Sie Ihre Mitarbeiter immer in angemessener Weise.

Das Schiff flottmachen

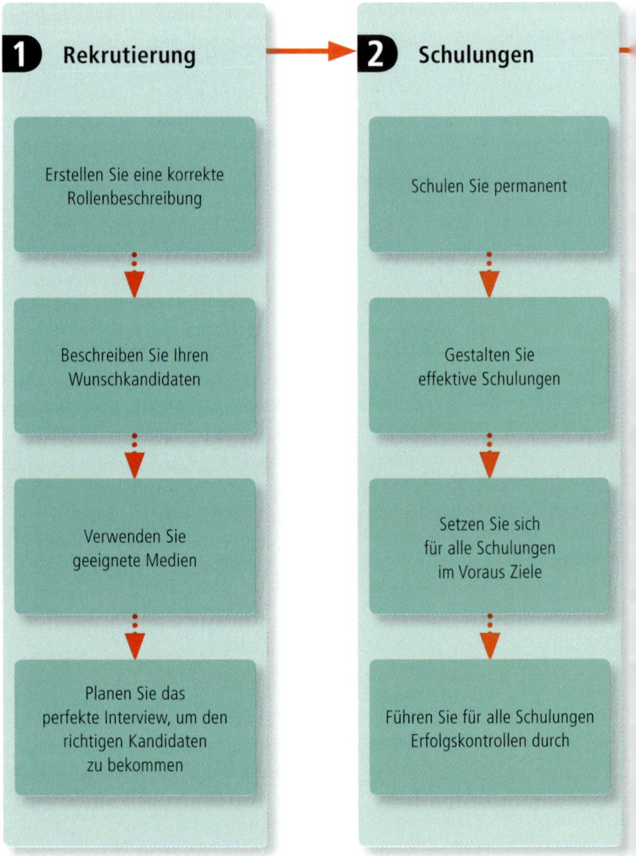

3 Besprechungen

- Planen und gestalten Sie reguläre Besprechungen
- Machen Sie Ihre Besprechungen dynamisch
- Bereiten Sie sich gründlich vor und ermuntern Sie alle, sich zu beteiligen
- Nehmen Sie auf die vorangegangenen Besprechungen Bezug

4 Belohnungen

- Belohnen Sie Spitzenleistung
- Machen Sie sich mit der Belohnungskultur Ihres Unternehmens vertraut
- Gestalten Sie Belohnungen konsistent und mit Blick auf die Motivationsfaktoren ihrer Empfänger
- Bestimmen Sie den Wert einer Belohnung für verschiedene potenzielle Empfänger

4 Durch Zuhören lernen

Viele Menschen verstehen unter Motivation etwas, was den Menschen von außen gegeben wird, aber in Wirklichkeit kommt sie von innen. Wenn Sie Ihre Mitarbeiter motivieren wollen, müssen Sie sie verstehen und ihnen helfen, sich selbst zu motivieren. Dieses Kapitel beschreibt einige zentrale Strategien, wie Sie Menschen verstehen und ihnen helfen können, die Resultate zu erzielen, die sie sich wünschen. Sie lernen, wie Sie:

- einfache, aber effektive Schulungen leiten, die nachhaltige Motivation erzeugen,
- Fragen stellen, die die Aufmerksamkeit Ihrer Mitarbeiter auf ihre Resultate lenken,
- effektiv zuhören,
- Feedback als »Kraftstoff der Sieger« positionieren.

Seien Sie ein guter Coach

Ein Manager hilft seinen Mitarbeitern bei der Verbesserung ihrer Performance und ihrer Motivation, indem er ihnen zeigt, wie sie sich Ziele setzen und erreichen und nachhaltige Performanceverbesserungen erreichen können.

Coaching

Das Coaching umfasst Elemente aus mehreren anderen Disziplinen, die häufig damit verwechselt werden:

- **Mentoring** bezeichnet die Weitergabe von Fähigkeiten, die für eine bestimmte Rolle benötigt werden. Der Mentor war für gewöhnlich selbst in dieser Rolle tätig und kennt sämtliche Tricks und Kniffe.
- **Consulting** bezeichnet die Beratung durch Experten in bestimmten Bereichen. Von Coachs wird hingegen erwartet, dass sie aus ihren eigenen Quellen schöpfen und ihre eigenen Antworten formulieren.
- **Counselling** bezeichnet die Hilfestellung bei der Überwindung persönlicher und sozialer Probleme. Während Counselling sich in erster Linie mit Problemen auseinandersetzt, konzentriert sich das Coaching auf das Finden von Lösungen.
- In **Therapien** geht es um den Umgang mit psychischen Schwierigkeiten. Dies sollte eine qualifizierte Fachkraft übernehmen.

Testen Sie Ihre Fähigkeiten als Coach

Verwenden Sie diesen Test, um zu erkennen, welche Fähigkeiten Sie noch weiter ausbauen können. Lesen Sie diese Aussagen und bewerten Sie sich selbst von 1 bis 5. **1** = unzutreffend **2** = überwiegend unzutreffend **3** = neutral **4** = überwiegend zutreffend **5** = zutreffend.

Ich interessiere mich für Menschen und stelle ihnen Fragen, um sie besser zu verstehen.	Ich investiere in meine persönliche Entwicklung (Bücher, DVDs, Schulungen).
Ich höre Menschen genau zu und versuche zu verstehen, was sie eigentlich sagen wollen.	Wenn es angemessen ist, kann ich andere fordern und fördern.
Ich interessiere mich in erster Linie für Ergebnisse und Lösungen.	Ich begreife Fehler als eine Möglichkeit, etwas hinzuzulernen.
Ich bin ein positiv eingestellter Mensch und weiß mich selbst zu motivieren.	Ich richte meine Antennen auf das, was die Menschen wirklich denken.

Coaching und Motivation

Ein guter Motivator ist auch ein guter Coach; er hilft anderen, ihre Fähigkeiten zu entwickeln. Indem Sie Menschen ermuntern, ihre Ideen zu entwickeln, fördern Sie zugleich ihren Lernprozess.

Motivieren
Coachs verbessern die Motivation, indem sie die richtigen Fragen stellen, den Menschen zuhören und sie ermuntern, Veränderungen positiv zu sehen und aus Fehlern zu lernen.

Aufbauen
Ein positives Coaching gibt den Menschen Kraft, sodass sie für ein konstruktives Feedback aufgeschlossen sind und an ihren Fähigkeiten aktiv arbeiten wollen.

Anspornen
Ein guter Coach setzt alle Ressourcen seines Teams ein, um dem Einzelnen zu helfen, sich zu entwickeln – in diesem Fall das Feedback eines Teammitglieds, um eine andere Perspektive zu erhalten.

Das GROW-Modell

Das GROW-Modell ist ein wirkungsvolles Instrument, um Mitarbeitern zu helfen, ihr Hauptaugenmerk von den Problemen auf die Lösungen zu verlagern. GROW ist eine der meistverbreiteten Coachingformen, weil es gute Resultate liefert.

Wer sind Sie?

Das GROW-Modell ist nur so effektiv wie der Coach, der es verwendet. Während es sicherlich eine Überlegung wert ist, welcher Coachingstil oder welcher Ansatz am besten zu Ihnen und Ihrem Team passt, gilt es doch zu bedenken, dass sich die besten Coachs nicht durch das auszeichnen, was sie gelernt haben, sondern durch ihre Persönlichkeit. Stellen Sie sich vor, dass Sie die Techniken eines Mentors, den Sie bewundern, übernehmen, um so Ihre eigenen Resultate zu verbessern. Coach und betreuter Mitarbeiter können an beliebiger Stelle im GROW-Modell starten und die einzelnen Stadien auch mehrmals durchlaufen. Ein Blick auf das Modell während der Coachingsitzungen zeigt dem Coach, worauf er seine Aufmerksamkeit lenken muss, um das beste Resultat zu erzielen.

Think SMART

Eine effektive Coachingtechnik besteht darin, eine Frage zu stellen und anschließend so lange zu schweigen, bis eine Antwort kommt. Je länger der Mitarbeiter für seine Antwort braucht, desto eindrucksvoller fällt sie in der Regel aus.

Unerfahrene Manager antworten häufig anstelle ihrer Mitarbeiter. Erlauben Sie Ihrem Mitarbeiter stattdessen, seine eigenen Gedanken zu verfolgen, selbst wenn sie nicht Ihren Erwartungen entsprechen. Vermeiden Sie rhetorische Fragen. Verwenden Sie das GROW-Modell, um sämtliche Optionen gründlich auszuloten. Vergewissern Sie sich, dass sich der Mitarbeiter keine Illusionen über seine gegenwärtige Situation macht – andernfalls wird es für ihn schwierig, sich weiterzuentwickeln.

Das GROW-Modell und seine Anwendung

Es existiert eine Vielzahl von Coachingtechniken und -strategien, und diese Ansätze haben jeweils ihre eigenen Stärken und Schwächen. Das vergleichsweise einfache GROW-Modell erweist sich als mächtiges Veränderungswerkzeug.

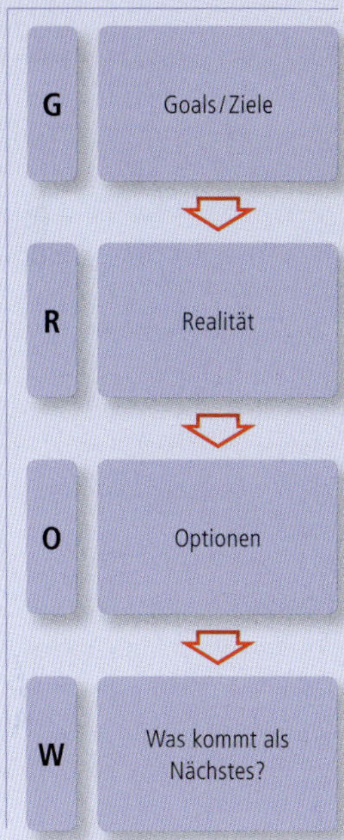

➡ Goals/Ziele

Was konkret wollen Sie erreichen?
Wie werden Sie wissen, wann Sie es erreicht haben?
Warum ist es für Sie so wichtig, dass Sie es erreichen?
Halten Sie es für erreichbar?
Wie groß ist Ihr Bestreben, dieses Ziel zu erreichen?

➡ Realität

Wie sieht Ihre gegenwärtige Situation aus?
Welche Hindernisse gibt es?
Was haben Sie bislang unternommen?
Wie erfolgreich waren Sie bisher?
Was haben Sie daraus gelernt?

➡ Optionen

Welche Optionen haben Sie?
Was würde ein Spitzenperformer in dieser Situation tun?
Was würden Sie tun, wenn ein Misserfolg schlicht keine Option ist?
Wie sind Sie ähnlichen Schwierigkeiten bislang begegnet und wie haben Sie sie gelöst?
Was täten Sie, wenn Sie alle Ressourcen (Zeit, Geld, Expertenwissen) der Welt hätten?

➡ Was kommt als Nächstes?

Was werden Sie als Nächstes unternehmen?
Wann werden Sie anfangen/aufhören? Wie lange werden Sie brauchen?
Mit welchen Schwierigkeiten müssen Sie rechnen?
Wie werden Sie damit umgehen?
Welche Ressourcen benötigen Sie, um Ihre Ziele zu erreichen?

Motivieren Sie mit Fragen

Die Fragen, die Sie stellen, bringen Ihre Gedanken auf den Punkt; aus ihnen lässt sich erkennen, wie motiviert Sie sind. Indem Sie sich eine motivierende Fragetechnik zu eigen machen, können Sie Ihre Motivationskünste erheblich verbessern.

Stellen Sie gute Fragen

Viele Menschen meinen, dass man überzeugende und inspirierende Reden schwingen müsste, um zu motivieren, aber noch viel wichtiger ist die Kunst des Fragenstellens. In der heutigen Sündenbockkultur werden viele Fragen mit negativem Vorzeichen formuliert:

- Wessen Fehler ist das?
- Wen können wir zur Verantwortung ziehen?
- Was ging schief?

Während diese problemorientierten Fragen für eine Problemanalyse wichtig sein mögen, tragen sie jedoch in keiner Weise dazu bei, die Menschen zu motivieren.

Gute Fragen provozieren bessere Antworten.

Üben Sie an sich selbst

Ihre Fragen sollten immer lösungs- oder ergebnisorientiert sein. Sie sollten stets gründlich nachdenken, bevor Sie eine Frage stellen. Drei der wirkungsvollsten Fragen, die Sie stellen können, lauten:

- Was wollen Sie erreichen?
- Was können Sie daraus lernen?
- Wie können Sie Ihr Tun kontinuierlich verbessern?

Je konkreter Sie fragen, desto konkreter werden auch die Antworten sein. Wenn Sie für sich selbst Fragen dieser Art beantworten, können Sie sich Klarheit darüber verschaffen, wo Ihre Prioritäten liegen und wie Sie vorgehen wollen, um für sich eine bessere Lebensqualität zu erreichen.

Erfolgreiche Menschen stellen die besseren Fragen und erhalten folglich auch die besseren Antworten.

Anthony Robbins

Offene und geschlossene Fragen

Offen Fragen sind solche, die sich nicht einfach mit »Ja« oder »Nein« beantworten lassen. Die meisten Menschen stellen mehr geschlossene als offene Fragen, und deshalb ist es wichtig, dass Sie Ihre Fragen sorgfältig vorbereiten, bevor Sie mit jemanden zu arbeiten beginnen. Überlegen Sie, welche Qualität von Antworten Sie mit den folgenden Fragen provozieren:

- Begannen Ihre Motivationsprobleme mit Ihrem Zuspätkommen letzte Woche?
- Halten Sie Ihre Zielvorgabe für realistisch?
- Wie können Sie mehr Verantwortung für Ihre eigene Motivation übernehmen?
- Haben Sie Ihre Prognosen für den nächsten Monat bereits zu Papier gebracht?
- Welche Strategien ließen sich implementieren, um den Kundenservice zu verbessern?
- Was möchten Sie in einem Jahr erreicht haben?
- Werden Sie die Zuständigkeit für dieses Projekt übernehmen?
- Was könnten Sie Ihrer Meinung nach tun, um Ihre Performance sofort zu verbessern?

Stellen Sie die richtigen Fragen

Das erste Wort eines Satzes macht in der Regel klar, ob es sich um eine offene oder eine geschlossene Frage handelt. Sätze, die etwa mit »Ist es richtig, dass ...« beginnen, sind geschlossene Fragen und werden mit »Ja« oder »Nein« beantwortet. Offene Fragen beginnen mit Fragewörtern wie »Wie«, »Wo«, »Wann«, »Was«, »Welcher«, »Warum« oder »Wer«.

Die Fragetypen

GESCHLOSSENE FRAGEN

- Verlangen lediglich »Ja« oder »Nein« als Antwort
- Begrenzen den Informationsgehalt
- Schließen Möglichkeiten aus

OFFENE FRAGEN

- Verlangen detaillierte Antworten
- Provozieren mehr Informationen besserer Qualität
- Erschließen Möglichkeiten

Haken Sie nach

Ebenso wichtig wie die Struktur der Fragen ist ihr Gegenstand. Wer motivieren will, muss wissen, zu welchen Themen er Fragen stellt und zu welchen nicht, um die Informationen zu bekommen, auf die er es abgesehen hat.

Mit Fragen Zweifel formulieren

Um negative Äußerungen zu widerlegen, sollten Sie die Person, von der die Äußerung stammt, dazu bringen, die Situation aus einem anderen Blickwinkel zu sehen.

Äußerung	**Nachfrage**
Ich kann nicht ständig motiviert sein.	Wer sagt, dass Sie das nicht können? Was würde passieren, wenn Sie es wären?
Dieses Arbeitsumfeld bedrückt mich.	Was genau ist die Ursache dafür, dass Sie das Arbeitsumfeld als bedrückend empfinden?
Sie stöhnt in einem fort. Sie hält mich für einen Nichtnutz.	Wieso bedeutet ihr Stöhnen, dass sie Sie für einen Nichtsnutz hält? Haben Sie schon einmal jemandem durch Stöhnen bedeutet, was Sie von ihm halten?
Wenn meine Chefin wüsste, wie hart ich arbeite, würde sie mich mehr schätzen.	Woher wollen Sie wissen, dass Ihre Chefin das nicht weiß? Woher wollen Sie wissen, dass sie Sie nicht schätzt?
Die anderen beschweren sich ständig über unsere Arbeit.	Gab es wirklich noch nichts, über das sie sich nicht beschwert haben?
Ich kann das nicht tun.	Was würde passieren, wenn Sie es täten? Wie könnten Sie es tun?
Sie kann mich nicht leiden.	Woher wollen Sie das wissen? Was würden Sie anders machen, wenn sie Sie doch mögen würde?
Motivation ist bei uns ein Fremdwort.	Was ist nötig, um die allgemeine Motivation zu verbessern?
Ich kann nichts daran ändern.	Nichts? Und wenn es doch etwas gäbe, was wäre das?
Es ist immer dasselbe; daran ist nichts zu ändern.	Woher wissen Sie, dass Sie nichts daran ändern können? Was wäre, wenn Sie es könnten? War es jemals anders?

Drei wichtige Fragen

Wenn jemand eine persönliche Veränderung anstrebt, kommt es maßgeblich darauf an, wie er die Veränderung wahrnimmt und welchen Wert er ihr beimisst. Fragen Sie ihn:

Seien Sie positiv
Motivieren Sie jemanden, indem Sie ihm sagen, wie wichtig sein Ziel ist.

- Wie bewerten Sie die Bedeutung der Veränderung für Sie auf einer Skala von 1 bis 10?
- Wie schätzen Sie diese Veränderung ein?
- Wie zuversichtlich sind Sie, dass Sie Ihre Ziele mit der richtigen Entschlossenheit auch erreichen?

Kontern Sie negative Aussagen mit Fragen

Wenn Sie längere Zeit mit jemandem in Einzelarbeit verbringen, ist es wichtig, dass Ihr Gespräch über eine Struktur und einen definierten Zweck verfügt. Achten Sie sorgfältig auf Motivationsblockaden, damit Sie sie durch intelligentes Fragen in Zweifel ziehen können. Eine Aussage wie »Niemand kann ständig motiviert durch die Welt laufen« muss hinterfragt werden, damit daraus keine negative Barriere wird.

TIPP **Notieren Sie fünf negative Äußerungen von Mitgliedern Ihres Teams. Formulieren Sie fünf Fragen, um die Motivationsblockaden aufzulösen.**

Richtig zuhören

Denken Sie an eine Zeit, als jemand Ihnen völlig frei und unvoreingenommen zuhörte. Hat Sie das motiviert? Wenn Sie lernen wollen, wie man richtig zuhört, müssen Sie zuerst wissen, wie es sich anfühlt, wenn einem richtig zugehört wird.

Lernen Sie zuzuhören

In Kombination mit einer guten Fragetechnik bildet das Zuhören gelegentlich den Schlüssel, um jemanden zu motivieren, seine Probleme eigenständig zu lösen. Wer andere motivieren will, muss vor allen Dingen ein guter Zuhörer sein. Nur wenigen von uns wurde jemals beigebracht, wie man richtig zuhört. Wir machen uns nur selten Gedanken übers Zuhören, reagieren aber dennoch beleidigt, wenn man uns vorwirft, schlechte Zuhörer zu sein.

5 Minuten Lösung

Viele Manager hören zu, um selbst zu reden. Versuchen Sie zuzuhören, um zu verstehen:

- Notieren Sie einige Fragen, bevor Sie mit jemandem zu arbeiten beginnen.
- Notieren Sie mögliche Antworten und testen Sie, wie Sie diese Aussagen hinterfragen können.
- Vermeiden Sie Floskeln wie »Wenn Sie mich fragen ...« oder »Meines Erachtens ...«.

Effektiv zuhören

POSITIVE WIRKUNG

- Schaffen Sie Nähe und Verständnis
- Setzen Sie Antriebskräfte frei
- Interessieren Sie sich für Überzeugungen und Werte
- Ermutigen Sie andere, frei zu sprechen
- Fördern Sie Teamgeist / Kooperation
- Motivieren Sie Mitarbeiter / Teams
- Entwickeln Sie Aufmerksamkeit für andere
- Ermuntern Sie zur persönlichen Verantwortung

NEGATIVE WIRKUNG

- Sich vom Sprecher abwenden
- Den Einzelmenschen ignorieren
- Vorurteile hegen
- Meinungen unterdrücken
- Widerstand und Feindseligkeit seitens der Mitarbeiter provozieren
- Negatives Denken zulassen
- Persönliche Entwicklung ersticken
- Abhängigkeit und Verantwortungsscheu fördern

Die neun Ebenen des Zuhörens

Solange Sie nicht genau zuhören, sind Sie bei Ihren Motivationsbemühungen auf Vermutungen angewiesen. Wenn Sie exakt herausfinden wollen, was einen Menschen motiviert, müssen Sie Fragen stellen und dann zuhören. Es gibt neun Ebenen des Zuhörens: von der Unaufmerksamkeit bis zur vollen Aufmerksamkeit. Wenn Sie normalerweise auf einer niedrigen Ebene operieren, sollten Sie versuchen, die Qualität Ihres Zuhörens zu verbessern, damit Sie die Menschen besser motivieren können.

Verbessern Sie Ihre Konzentration

Die Kunst des Zuhörens zu kultivieren, ist nicht einfach. Weil wir die meiste Zeit unbewusst zuhören, können wir unser Ergebnis nur verbessern, indem wir mit bestehenden Gewohnheiten brechen. Der Nutzen ist jedoch enorm – nicht nur, was die Motivationskraft betrifft, sondern auch in anderen Lebensbereichen. Sie können so viel mehr erreichen, sobald die Menschen zu Ihnen sagen: »Wissen Sie, ich habe den Eindruck, dass Sie mich wirklich verstehen!«

Die Ebenen des Zuhörens

1. Nicht zuhören
2. So tun als ob
3. Teilweise zuhören
4. Zuhören und unterbrechen
5. Selektiv zuhören
6. Passiv zuhören
7. Aktiv zuhören
8. Reflektiert zuhören
9. Zuhören, um zu verstehen

Beim Zuhören präsent sein

Wenn Sie beginnen, richtig zuzuhören, werden sich die Menschen, die Sie motivieren wollen, Ihnen gegenüber viel offener äußern, sodass Sie sie folglich auch viel besser verstehen können.

Betrachten Sie die Dinge von einer anderen Seite

Wenn Sie kommunizieren, interpretieren Sie das, was andere Ihnen sagen, mithilfe Ihres persönlichen Filters, um darin einen Sinn zu erkennen. Viele Manager versuchen, Motivationsprobleme auf die Schnelle zu lösen, ohne die zugrunde liegenden Faktoren so zu verstehen, wie der andere sie sieht. Wie häufig haben Sie mit jemandem gesprochen und haben, noch bevor der andere ausgeredet hatte, bei sich gedacht: »Ich weiß, was Sie mir sagen wollen, und ich finde mit Sicherheit eine Lösung«? Um richtig zuhören zu können, müssen Sie lernen, Ihren inneren Dialog auszuschalten, damit Sie sich ganz auf das konzentrieren können, was der andere sagt, um zu verstehen, was er eigentlich sagen will.

Lernen Sie zuzuhören
Nehmen Sie sich Zeit, um Ihre inneren Stimmen zum Schweigen zu bringen, damit Sie mit voller Aufmerksamkeit einem anderen zuhören können.

Nützliche TECHNIKEN

Reflektiertes Zuhören versucht die Bedeutung dessen zu erraten, was ein anderer zu sagen versucht.

Voraussetzung ist, dass Sie sich ständig auf die Bedeutung hinter den Worten konzentrieren. »Ich wünschte, ich wäre motivierter« könnte bedeuten: »Ich bin deprimiert und mit meiner Arbeit unzufrieden« oder: »Ich finde Ihren Führungsstil frustrierend«! Versuchen Sie bei Ihrer nächsten Unterhaltung, diese Technik anzuwenden.

- »Reflektieren« Sie das Gesagte, indem Sie es noch einmal wiederholen – »Sie wünschten, Sie wären motivierter.« Es ist wichtig, dass Sie für die Wiederholung eine Intonation wählen, die gegen Ende des Satzes eher abfällt als ansteigt, damit daraus keine Frage wird.
- Geben Sie die zentrale Aussage mit Ihren eigenen Worten wieder: »Es fehlt Ihnen die Zeit, um an dem besprochenen Projekt mitzuarbeiten.«
- Legen Sie etwas Gefühl in Ihre Worte: »Es bedrückt Sie, dass Sie nicht die Zeit haben, um an dem besprochenen Projekt mitzuarbeiten.«

Seien Sie aufrichtig

Seien Sie ehrlich zu sich selbst: Wie gut hören Sie wirklich zu? Wie gut konzentrieren Sie sich auf andere, die Ihnen gerade etwas erzählen? Dass Sie wissen, wie man zuhört, heißt noch lange nicht, dass Sie es auch tun. Während sich Ihre Fähigkeit zuzuhören nicht ständig ändert, trifft dies auf Ihre Bereitschaft, Ihre Fähigkeit anzuwenden, schon eher zu. Vermutlich hören Sie zu unterschiedlichen Zeiten und unterschiedlichen Gelegenheiten unterschiedlich gut zu. Das mag von Ihrer Stimmung, dem Umfeld, Ihrem Stresspegel, Ihren Prioritäten und Ihrem Interesse an der anderen Person abhängen. Bevor Sie sich mit jemandem zusammensetzen, sollten Sie sich im Geiste vorstellen, wie Sie ihm verstehend zuhören.

Jeder, mit dem ich zusammenarbeite, weiß irgendetwas besser als ich. Meine Aufgabe ist es, ihm lange genug zuzuhören, um es zu aufzuspüren und zu nutzen. Jack Nichols

Geben Sie gutes Feedback

Gutes Feedback übt eine starke Motivationswirkung aus und ist für den geschäftlichen Erfolg unverzichtbar. Indem Sie lernen, Ihren Mitarbeitern die richtige Art Feedback zu geben, verbessern Sie Ihre Fähigkeit, sie effektiv zu motivieren.

Feedback aus Überzeugung

Spitzenperformer verstehen Feedback als »Kraftstoff der Sieger«, und sie nutzen diese Informationen, um ihren eigenen Fortschritt zu messen und ihr Verhalten entsprechend anzupassen. Ohne Feedback ist es schwer, den persönlichen Fortschritt zu messen. Warum geben manche Manager kein Feedback? Hier ein paar Antworten:

- Die Mitarbeiter verbuchen sogar konstruktive Kritik als Misserfolg.
- Feedback wird schlicht als Tadel empfunden.
- Die Mitarbeiter können mit negativem Feedback nicht umgehen.
- Feedback gelangt mitunter in den falschen Hals.
- Es fällt gelegentlich schwer, Feedback positiv zu formulieren.
- Mir fehlt die Zeit dazu.
- Die Mitarbeiter wissen auch so, wie gut sie ihre Sache machen.

Wenn Feedback auf die falsche Weise gegeben wird, kommt es gelegentlich zu solchen Einwänden. Wichtig ist, dass Sie Ihrem Feedback stets die richtige Form geben.

Konstruktive Kritik

POSITIVE WIRKUNG

- Letzte Woche kamen Sie zweimal zu spät zur Arbeit. Das enttäuscht mich.
- Sie haben Ihre Zielvorgaben für dieses Quartal um 25 Prozent unterschritten. Ich mache mir Sorgen angesichts Ihres Engagements für dieses Unternehmen.
- Sie haben sich in der letzten Woche zweimal nicht vom System abgemeldet. Ist Ihnen klar, wie wichtig das An- und Abmelden ist?

NEGATIVE WIRKUNG

- Sie sind nie pünktlich. Ich glaube, Sie werden nachlässig.
- Sie überziehen sämtliche Abgabetermine. Ich bezweifle, dass Sie für diesen Job geeignet sind.
- Sie sind faul und inkompetent, hören nie zu und tun nie, was man Ihnen aufträgt.
- Sie müssen immer alles anders machen. Verstehen Sie denn nicht, dass Sie damit den anderen das Leben schwer machen?

Feedbackregeln

Feedback muss sich auf eindeutige Fakten beziehen, damit es vom Adressaten nicht persönlich genommen und mit Trotz beantwortet wird. Es darf nie den Menschen infrage stellen. Sobald Sie Ihr Feedback geäußert haben, sollten Sie sich anhören, was der Betreffende zu sagen hat, bevor Sie ihn fragen, wie er sich seiner Meinung nach angemessener verhalten könnte, oder ihm selbst einen Vorschlag unterbreiten.

- ➡ Verbinden Sie Ihr Feedback stets mit einer positiven Intention.
- ➡ Geben Sie Feedback nicht zur Person, sondern ausschließlich zu ihrem Verhalten.
- ➡ Geben Sie Ihr Feedback zeitnah.
- ➡ Verweisen Sie auf konkrete Beispiele.
- ➡ Verwenden Sie nur Beispiele in der ersten Person und führen Sie keine Dritten ins Feld.
- ➡ Seien Sie konsistent und sorgfältig.

Schaffen Sie ein Lernumfeld

Ermuntern Sie dazu, Feedback zu geben und entgegenzunehmen, wenn in Ihrem Umfeld Lernen großgeschrieben und Rückschläge in positivem Licht gesehen werden. Entscheidend für diesen Ansatz ist die positive Intention hinter dem Feedback. Feedback ist dazu da, den Mitarbeitern Anhaltspunkte zur Qualität ihrer Arbeit zu liefern und zu helfen, ihre Performance zu verbessern; der durch Feedback angeregte Dialog gibt den Mitarbeitern Gelegenheit, ihre Sorgen und Ängste zu formulieren.

Effektives Feedback

Zu einem effektiven Feedback gehören drei entscheidende Komponenten: die Intention hinter dem Feedback, Ihre positive Kontrolle Ihres augenblicklichen emotionalen Zustands sowie Inhalt und Struktur Ihrer Botschaft. Im Affekt oder als Vergeltung geäußertes Feedback kann niemals positiv aufgenommen werden. Selbst wenn die Botschaft, die Sie mit Ihrem Feedback vermitteln, für den Empfänger schwere Kost ist, sollten Sie sie ruhig und überlegt vorbringen und bereit sein, sich die Entgegnung anzuhören.

Loben Sie Ihr Team

Wenn Sie nachhaltig motivieren wollen, müssen Sie lernen, Ihre Mitarbeiter zu loben. Beschäftigte werten Lob regelmäßig als entscheidenden Motivationsfaktor am Arbeitsplatz.

Loben Sie umgehend

Lob scheint zu den Dingen zu gehören, mit denen sich viele Manager schwertun. Häufig sind sie mit einem kritischen Wort rasch dabei, während sie Lob nur widerwillig aussprechen. Die Mitarbeiter sind jedoch auf Lob angewiesen, um Selbstvertrauen und Motivation zu entwickeln. Lob sollte sofort geäußert werden, wann immer sich jemand so verhält, wie Sie es sich von ihm erhoffen. Es gibt viele Arten, Lob zum Ausdruck zu bringen, angefangen mit einem einfachen »Danke«. Eine Lobesbekundung raubt dem Manager keine wertvolle Zeit, kann aber sehr positive Wirkungen haben.

Wahren Sie die Balance

Wenn Ihr Team unterdurchschnittliche Leistung erbringt und die Mitarbeiter wenig Motivation zeigen, sollten Sie sich einmal fragen, wie viel Zeit Sie damit verbringen, Lob auszuteilen, und wie viel damit, zu kritisieren und zu sanktionieren. Wenn Sie ein Ungleichgewicht feststellen, sollten Sie Schritte ergreifen, um dies zu korrigieren.

Fallstudie: »Danke« sagen

Marina, die Eigentümerin eines kleinen Betriebes, war der Meinung, dass sie ihrem Team regelmäßig positives Feedback gab. Ihre Mitarbeiter gaben jedoch an, sie wüssten nicht, wie es um die Qualität ihrer Arbeit bestellt sei; sie erhielten niemals Feedback und fühlten sich nicht geschätzt. Weil Marina ihre Motivation aus sich selbst heraus schöpfte, war ihr nicht bewusst, dass ihre Mitarbeiter klare und aussagefähige Fortschrittsberichte und Lob von außen erwarteten. Sie begann, ihre Mitarbeiter dann zu loben, wenn sie es verdienten. Diese einfache Veränderung erhöhte die Motivation und die Produktivität des Teams.

- *Marinas innere Motivation hatte ihr den Blick dafür verstellt, dass ihre Mitarbeiter Motivation von außen brauchten.*
- *Mit einer kleinen kostenlosen Änderung konnte sie einen handfesten wirtschaftlichen Nutzen erzielen.*

Zeigen Sie Ihre Wertschätzung Selbst eine kleine Geste wie das Gratulieren zum Geburtstag gibt dem Mitarbeiter das Gefühl, als Mensch geschätzt zu sein – ganz unabhängig von seiner Tätigkeit.

Vorurteile

Es existieren viele Vorurteile, was das Austeilen von Lob betrifft:

- Wer sich für zu gut hält, wird nachlässig.
- Wer denkt, dass das Geschäft zu gut läuft, wird bequem.
- Wenn wir motivierte Mitarbeiter wollen, müssen wir sie auf Trab halten.

Während Furcht in bestimmten Situationen kurzfristig motivieren kann, ist sie einer nachhaltigen Motivation eher abträglich. Wer auf Angst und Kritik setzt, erzeugt lediglich Misstrauen, aufgestaute Aggressionen, Distanz, mangelnden Teamgeist, Spaltungstendenzen und mangelnde Verantwortung.

Optimales Feedback

Positive Intention
Feedback muss mit einer positiven Intention verbunden sein und darf niemanden verurteilen

↓

Berechenbar und fair
Feedback muss als berechenbar und fair wahrgenommen werden

↓

Faktenbezogen und objektiv
Feedback sollte sich auf beobachtetes Verhalten und nicht auf subjektive Einschätzungen beziehen

↓

Positiv und konstruktiv
Feedback sollte den Mitarbeitern verdeutlichen, was sie tun können, und nicht, was sie zu unterlassen haben

Zusammenfassung: Zuhören lernen

Wenn Sie Mitarbeiter effektiv motivieren wollen, müssen Sie lernen, mit voller Aufmerksamkeit zuzuhören. Coaching ist ein wichtiges Instrument, mit dem Sie herausfinden können, was in den Köpfen der Menschen wirklich vor sich geht. Formulieren Sie Ihre Fragen so, dass Sie die gewünschten Informationen erhalten, und geben Sie stets Feedback.

Bessere Ergebnisse durch Aufmerksamkeit

1 Coaching

- Prüfen Sie Ihre Coachingfähigkeiten
- Machen Sie sich klar, was Coaching nicht ist
- Machen Sie sich mit effektiven Coachingtechniken vertraut und wenden Sie sie praktisch an
- Entwickeln Sie auf der Basis des GROW-Modells das Talent Ihrer Mitarbeiter

2 Fragen

- Machen Sie sich klar, wie wichtig es ist, die richtigen Fragen zu stellen
- Trainieren Sie Ihre Fragetechnik an sich selbst
- Identifizieren Sie negative Glaubenssätze Ihrer Mitarbeiter
- Helfen Sie ihnen, diese negativen Überzeugungen zu hinterfragen und zu überwinden

3 Zuhören

Machen Sie sich mit den neun Ebenen des Zuhörens vertraut und lernen Sie, richtig zuzuhören

Verbessern Sie Ihre Konzentrationsfähigkeit, damit Sie genau mitbekommen, was man Ihnen mitteilen will

Eignen Sie sich Techniken des reflektierten Zuhörens an

Versuchen Sie, die Dinge aus der Perspektive Ihres Gesprächspartners zu sehen

4 Feedback

Machen Sie sich klar, wie wichtig und wirkungsvoll Feedback sein kann

Vermeiden Sie es unter allen Umständen, Ihre Mitarbeiter zu unterschätzen

Teilen Sie immer dann Lob aus, wenn es verdient ist

Geben Sie positives und konstruktives Feedback

5 Motivieren Sie nachhaltig

Wenn Sie nachhaltig motivieren wollen, müssen Sie Ihr Team gut kennen. Es existieren diverse Techniken und Tricks, wie Sie mehr über die Menschen in Erfahrung bringen können, mit denen Sie täglich zusammenarbeiten. Dieses Kapitel präsentiert Ihnen einige effektive Techniken, die sich rasch und unkompliziert umsetzen lassen. Sie werden lernen:

- die Dinge aus einem anderen Blickwinkel zu betrachten,
- dass die einen sich durch das motivieren lassen, was sie wollen, und andere durch das, was sie nicht wollen,
- die eigene Person mit Erfolg zu assoziieren anstatt mit Misserfolg,
- die Zeitwahrnehmung als Motivationsfaktor zu berücksichtigen,
- mithilfe positiver Assoziationen Ihre Motivation zu stärken.

Schaffen Sie Nähe

Wenn Sie Ihre Motivationskünste verbessern wollen, müssen Sie sich sämtlicher Botschaften bewusst sein, die Sie aussenden – nicht nur der sprachlichen. Manchmal vermittelt sich die unterbewusste Botschaft stärker als die bewusste, verbale.

Nonverbale Kommunikation

Wenn Sie ein Büro betreten, spüren Sie fast augenblicklich, welche Motivationsebenen dort vorherrschen. Der Grund: Ein Großteil der Kommunikation erfolgt über sogenannte nonverbale Botschaften. Zur nonverbalen Kommunikation gehören Körpersprache, Gesten und Intonation. Sie müssen sich dieser von Ihnen ausgesandten Botschaften vollkommen bewusst sein und Ihre Antennen auf die impliziten Botschaften Ihres Teams richten. Die meisten von uns agieren den Großteil ihrer Zeit, indem sie ihnen selbst unbewussten Verhaltensmustern folgen. Manchmal unterstützt uns unsere nonverbale Kommunikation in unseren Intentionen, manchmal läuft sie ihnen zuwider.

Sie schaffen mehr Nähe zwischen sich und anderen Menschen, indem Sie sich in die nonverbale Kommunikation einklinken und geschickt Elemente des Verhaltens der anderen übernehmen und spiegeln.

Fallstudie: Auf das eigene Tun achten

Verkaufsleiter Pedro betreute ein kleines Team von Verkäufern und Bürokräften und hatte so viel zu tun, dass er ständig im Stress war. Er verbrachte viel Zeit mit Kunden außerhalb des Büros, aber wenn er zurückkehrte, lasen seine Mitarbeiter ihm vom Gesicht ab, wie es um seine Laune bestellt war, was der allgemeinen Produktivität nicht gerade förderlich war. Irgendwann wurde Pedro bewusst, welche Wirkung er auf sein Team ausübte. Er lernte, seine Gefühle mithilfe von Atemtechnik und Visualisierungsübungen unter Kontrolle zu bringen, bevor er das Büro betrat.

- *Weil Pedro seinem physischen Zustand mehr Aufmerksamkeit schenkte, musste sein Team sich nicht mehr mit seiner Laune beschäftigen.*
- *Die Motivation seines Teams nahm zu, mit der Folge, dass die Produktivität besser wurde und Pedros Arbeitslast schrumpfte.*

Nonverbale Kommunikation »lesen« lernen

Wenn Sie die nonverbale Kommunikation beherrschen, wird Ihr Team bessere Ergebnisse liefern. Richten Sie Ihre Antennen auf die subtilen Botschaften aus, die Ihre Mitarbeiter über ihre Körpersprache aussenden. Sind Bewegungen ausladend oder kontrolliert, die Haltung offen oder geschlossen, der Atem tief oder flach, der Gesichtsausdruck heiter oder ernst? Indem Sie auf solche Details achten, schaffen Sie größere Nähe zwischen sich und anderen Menschen.

Haltung

Nehmen Sie die Haltung Ihres Gegenübers wahr, aber ziehen Sie keine pauschalen Rückschlüsse. Einer weit verbreiteten Vorstellung zufolge stehen gekreuzte Arme für »Abwehr«; dabei ist dem Betreffenden vielleicht nur kalt oder er fühlt sich wohl in dieser Haltung.

Gesten

Registrieren Sie jede regelmäßige Verwendung von Körperbewegungen wie beispielsweise Nasekratzen, und achten Sie auf Gesten, die Sie beiläufig spiegeln können, wie das Kreuzen der Beine. Beachten Sie den Winkel, in dem jemand sitzt oder steht.

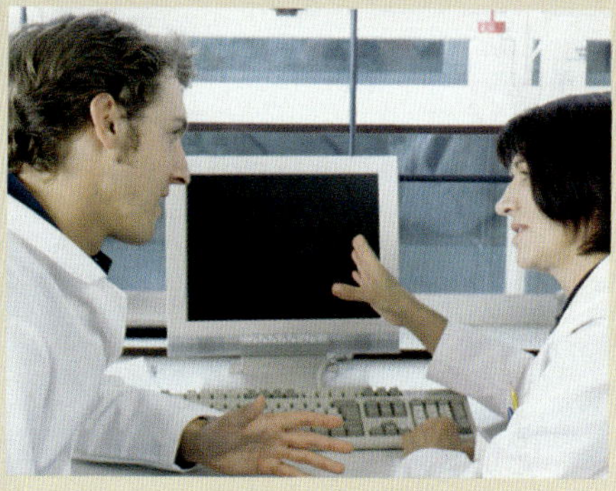

Stimme

Hören Sie sorgfältig auf die Intonation Ihres Gegenübers. Gleichen Sie Ihre eigene Stimme daran an, ohne jedoch zu übertreiben. Achten Sie auf Schlüsselwörter und verwenden Sie sie in Ihrem Feedback.

Wie Mitarbeiter kommunizieren

Die Menschen erleben die Welt unterschiedlich. Das steht in engem Zusammenhang mit ihren unterschiedlichen internen Repräsentationen und den unterschiedlichen Arten der Kommunikation. Diese Unterschiede müssen Sie berücksichtigen, wenn Sie andere motivieren wollen.

Sehen, fühlen, hören

Denken Sie an etwas, was Sie letzte Woche getan haben. In welcher Weise erinnern Sie sich an dieses Ereignis – sehen Sie Bilder, hören Sie Klänge oder entsinnen Sie sich vorrangig eines Gefühls? Wir erleben die Welt durch unsere fünf Sinne des Sehens, Hörens, Tastens, Schmeckens und Riechens. Obgleich wir in der Regel den visuellen, auditiven und haptischen Wahrnehmungen die größte Bedeutung beimessen, schwankt unsere Aufmerksamkeit für die verschiedenen Sinne von Mal zu Mal. Indem wir erkennen, welchen Sinnen die Menschen die größte Aufmerksamkeit schenken, können wir besser nachvollziehen, was sie erleben, und sie folglich besser motivieren.

Unsere Sinne spielen bei der Kommunikation eine wichtige Rolle.

Wahrnehmungstypen

Wenn Sie erkennen, ob ein Mitarbeiter vorrangig visuell, auditiv oder haptisch ausgerichtet ist, können Sie Strategien entwickeln, um ihn stärker zu motivieren.

- **Visuell veranlagte Menschen** sitzen oder stehen häufig aufrecht oder vornübergebeugt, den Blick nach oben gerichtet. Sie sind in der Regel gut organisiert, gut gekleidet und frisiert und ordentlich. Äußerlichkeiten sind für sie mitunter wichtig. Sie prägen sich Bilder ein und lassen sich von Geräuschen kaum ablenken. Häufig haben sie Schwierigkeiten, sich verbale Instruktionen zu merken. Sie verwenden bevorzugt Wörter und Ausdrücke wie »ich sehe«, »hell«, »Farbe«, »Ausschau halten«, »von Auge zu Auge«, »Vogelperspektive«. Sie reagieren gut auf Bilder, Videos, Diagramme und Grafiken. Sie sind bereit, die Dinge aus Ihrem Blickwinkel zu betrachten.

- **Auditiv ausgerichtete Menschen** kommen gut mit verbalen Instruktionen zurecht und lernen durch Zuhören. Häufig lieben sie Musik und können stundenlang telefonieren. Sie lassen sich gern sagen, wie gut sie sind, und hören die Emotionen hinter jeder Botschaft heraus. Sie lassen sich leicht durch Geräusche ablenken. Zu ihren Lieblingsformulierungen gehören »hören«, »Klang«, »ein Ohr leihen«, »aufhorchen«, »klingt gut«, »Resonanz«, »Echo«. Erzählen Sie ihnen Geschichten. Aber bedenken Sie: Diese Mitarbeiter hören jede Unstimmigkeit und jeden Mangel an Enthusiasmus aus Ihrer Stimme heraus. Verwenden Sie viel auditive Sprache.
- **Haptisch orientierte Menschen** bewegen sich und sprechen häufig langsam. Sie bevorzugen physische Belohnungen und Berührungen. Sie prägen sich ein, was sie tun. Sie möchten wissen, wie sich etwas »anfühlt«. Sie verwenden vorzugsweise Ausdrücke wie »fühlt sich gut an«, »Ärmel hochkrempeln«, »dranbleiben«. In Besprechungen müssen Sie ihnen »handgreifliche« Erlebnisse bieten. Ihre Gefühle zu Ihnen und zu sich selbst sind sehr wichtig. Verwenden Sie Geschichten, um die gewünschten emotionalen Zustände hervorzurufen.

Die Zeichen lesen
Die Hobbys und Interessen der Menschen geben Ihnen Hinweise zu ihrem bevorzugten Kommunikationsstil.

Schlüpfen Sie in die Haut Ihrer Mitarbeiter

Die Fähigkeit, die Perspektive eines anderen zu übernehmen, ist ein wichtiger Bestandteil der Motivationskunst. Motivierte Menschen verstehen die Verhaltensweisen anderer Menschen häufig besser.

Drei Standpunkte

Weniger motivierte Menschen tun sich in der Regel schwer damit, in die Haut eines anderen zu schlüpfen, und geraten so unnötig in manche Sackgasse. Die Fähigkeit, zwischen verschiedenen »Standpunkten« wechseln zu können, erweist sich als höchst nützlich, um andere zu motivieren. Es gibt drei Wahrnehmungspositionen:

- **Erster Standpunkt** – Wenn Sie etwas von der eigenen Warte aus betrachten. Ihr eigenes Bild von der Situation. Viele Menschen verbringen die meiste Zeit in dieser Position. Kommentare wie »Er sieht einfach nicht, was ich meine« deuten darauf hin, dass der Sprecher in der ersten Position gefangen ist. Vom ersten Standpunkt aus können Sie erkennen, was für Sie selbst wichtig ist. Wenn Sie immer nur Rücksicht auf andere nehmen, sollten Sie vermehrt diesen Standpunkt einnehmen.
- **Zweiter Standpunkt** – Wenn Sie die Dinge aus dem Blickwinkel eines anderen betrachten. Manche Menschen nehmen diesen Standpunkt so gut wie nie ein. Wenn Sie jemanden motivieren wollen, hilft Ihnen die zweite Position, den Betreffenden zu verstehen. Weil alle Motivation letztlich von innen kommt, ist der Versuch, andere zu motivieren, ohne diese Fähigkeit ziemlich sinnlos.
- **Dritter Standpunkt** – Die objektive Perspektive des »Mäuschens«. Sie sehen und hören die Beteiligten; ihre Gefühle können Sie hingegen nicht erleben.

Aus einer neuen Perspektive sehen Sie mehr.

Es gibt keine unmöglichen Träume, sondern nur eine begrenzte Wahrnehmung dessen, was möglich ist.

Beth Mende Conny

Unterschiedliche Positionen annehmen

Die Fähigkeit, die Wahrnehmungsposition zu wechseln, erweist sich nicht nur für denjenigen, der andere motivieren will, als sinnvoll. Mit dieser Strategie fällt es Ihnen generell im Leben leichter, Herausforderungen zu meistern und Frust zu überwinden.

Wenn Sie bisweilen das Verhalten anderer nicht verstehen oder sich darüber ärgern, können Sie Ihre eigenen Reaktionen aus unterschiedlichen Blickwinkeln studieren.

Reframing

Ein Beispiel für Ereignisse, die sich häufig auf die Motivation niederschlagen, sind Kundenbeschwerden. Machen Sie die folgende Übung, indem Sie sich an eine ärgerliche Kundenbeschwerde und Ihre Reaktionen darauf erinnern.

Position	Fragen
Sie befinden sich am ersten Standpunkt und haben gerade eine Kundenbeschwerde erhalten.	Was sehen, hören und fühlen Sie in der ersten Position? Was ist für Sie in dieser Situation wichtig? Wie gehen Sie an die Situation heran?
Gehen Sie auf Distanz zu sich selbst und versetzen Sie sich in Ihren Kunden hinein.	Was sieht, hört und fühlt er in dieser Situation? Was ist für ihn wichtig? Wie will er sich mit der Situation auseinandersetzen?
Versuchen Sie, den neutralen Standpunkt eines Unbeteiligten einzunehmen und die Situation aus der dritten Position zu betrachten.	Was sehen und hören Sie? Wie interagieren diese beiden Menschen (erste und zwei Position) Ihrer Einschätzung nach miteinander? Wie schätzen Sie die Interaktion/Situation ein?
Versetzen Sie sich jetzt in die Rolle eines Beraters, der über sämtliche Informationen verfügt.	Welchen Rat würden Sie sich selbst geben? Was müssen Sie aus der Situation lernen? Wie können Sie die Situation verbessern? Was könnten Sie Ihrer Einschätzung nach tun, um eine Win-win-Situation herbeizuführen?

Motivationsfilter

Das Gehirn filtert die empfangenen Informationen entsprechend ihrer Wichtigkeit. Wenn Sie wissen, wie dieser Filter funktioniert, fällt es Ihnen leichter, andere zu motivieren.

Wichtige Informationen erkennen

Informationen werden durch Erfahrung, Werte, Überzeugungen und Einstellungen gefiltert. Zwei der nützlichsten Filter sind der Intern/Extern-Filter und der Hin/Weg-Filter. Wissen Sie, welchen Filter jemand benutzt, liefert Ihnen das gute Hinweise darauf, wie Sie den Betreffenden motivieren können.

- **Intern/Extern-Filter** Dieser Filter hilft den Menschen zu entscheiden, ob etwas wahr ist. Intern veranlagte Menschen greifen auf ihren eigenen Background und ihre eigenen Erfahrungen zurück, um ihre Entscheidungen zu treffen, während extern veranlagte Menschen nach äußeren Hilfen und Hinweisen suchen. Wie wissen Sie, dass Sie eine berufliche Aufgabe gut gelöst haben? Wissen Sie es aus sich selbst heraus, oder brauchen Sie jemanden, der es Ihnen erzählt?

Sprechen Sie die richtige Sprache

Sie müssen die Motivationsrichtung eines Menschen kennen, um ihm gegenüber die richtige Sprache zu gebrauchen. Überlegen Sie, wie die folgenden Aussagen wirken:

- ➡ Wenn Sie Ihre Ziele in diesem Monat erreichen, stehen Sie auf der Liste der Beförderungskandidaten ganz oben.
- ➡ Sie sollten Ihre Ziele in diesem Monat erreichen; andernfalls sehen wir uns außerstande, Sie zu befördern.

Die erste Aussage ist mehr auf Menschen gemünzt, die sich durch Ziele motivieren lassen, während die zweite Aussage diejenigen ansprechen wird, deren Motivation eher daraus resultiert, dass sie bestimmte Dinge zu vermeiden versuchen.

- **Hin/Weg-Filter** Dieser Filter zeigt, ob jemand durch das motiviert ist, was er erreichen will, oder vielmehr durch das, was er partout vermeiden will. Warum gehen Sie morgens zur Arbeit? Was motiviert Sie dazu? Springen Sie aus dem Bett mit all den Dingen im Kopf, die Sie heute vollbringen wollen, oder geht es Ihnen vor allem darum, nicht zu spät zu kommen?

Motivationsfaktoren
Anders als Erwachsene lassen sich Kinder in ihrer Motivation nicht davon beeinflussen, wie sie vor den Augen der Welt »dastehen«.

Individuelles Feedback

Wenn Sie Ihren Teammitgliedern Feedback geben, müssen Sie wissen, ob diese ihre Motivation aus sich selbst heraus oder von außen beziehen. Ein »falsches« Feedback wird möglicherweise »überhört«. Manche Menschen wissen auch so, dass sie ihre Sache gut machen (intern motiviert), während andere Zuspruch, Dank und Belohnung benötigen (extern motiviert). Viele hochrangige Manager sind intern motiviert und brauchen niemanden, der ihnen erzählt, dass sie einen guten Job machen. Infolgedessen verspüren sie auch nicht das Bedürfnis, andere zu loben. Das kann dazu führen, dass so mancher extern motivierte Mitarbeiter an Motivationsmangel und Selbstzweifeln leidet.

Motivationsfaktoren

Wie sich eine Erfahrung für Sie anfühlt, hängt von der Bedeutung ab, die Sie ihr beimessen. Indem Sie lernen, Erfahrungen in einem anderen Licht zu sehen, gelingt es Ihnen besser, Ereignisse positiv zu interpretieren.

Die Bedeutung der Dinge

Ereignisse sind grundsätzlich neutral; erst der Mensch ordnet ihnen eine Bedeutung zu. Sie können die Qualität Ihres Erlebens beeinflussen und beliebigen Situationen eine positivere Deutung geben.

- Während eine ausgebliebene Beförderung den einen in eine tiefe Krise stürzt, kann ihr ein anderer sogar noch etwas abgewinnen.
- Wie jemand reagiert, hängt ganz davon ab, welche Bedeutung er der Situation beimisst.
- Der eine trauert der verpassten Chance und der entgangenen Gehaltserhöhung nach, während der andere froh ist, dass ihm nun mehr Zeit für Freunde und Familie bleibt.

5 Minuten Lösung

Denken Sie an eine Situation, die Ihnen Sorgen bereitet. Fragen Sie sich:

- Welche Bedeutung messe ich gegenwärtig dieser Situation/diesem Ereignis bei?
- Was könnte an dieser Situation gut sein?
- Wie kann ich die Situation zum Guten wenden?
- Was kann ich aus dieser Situation lernen?
- Welche anderen Bedeutungen könnte ich dieser Situation geben?

Reframing: Das Erlebte bewusst beeinflussen

Wenn Sie andere motivieren wollen, müssen Sie lernen, ihnen mit geeigneten Fragen dabei zu helfen, ihre Reaktionen auf bestimmte Ereignisse zu analysieren und sich selbst mithilfe des Reframings in einem veränderten Licht zu sehen. Diese Kunst ist unter anderem gefragt bei Problemen mit langen Pendlerwegen, nicht erreichten Zielen, Kollegenstress und negativem Feedback von Kunden oder Vorgesetzten. Machen Sie sich bewusst, wie Sie bestimmte Situationen interpretieren. Als jemand, der seine Mitarbeiter erfolgreich motiviert, haben Sie eine Vorbildfunktion und sollten entsprechend darauf achten, dass Sie Situationen positiv interpretieren.

Ereignisse umdeuten

Überlegen Sie, wie unterschiedliche Menschen die unten stehenden Ereignisse in unterschiedlichen Situationen unterschiedlich interpretieren. Überlegen Sie sich Situationen, die von Ihren Teammitgliedern negativ bewertet werden könnten. Wie könnten Sie ihnen helfen, Erlebtes umzudeuten und die eigene Situation positiver zu sehen?

Ereignis	**Negative Bewertung**	**Umdenken/Reframing**
Kundenbeschwerden	Niemand weiß unsere Arbeit zu schätzen. Stets machen wir etwas falsch. Vermutlich werden wir diesen Kunden verlieren.	Beschwerden sind eine willkommene Gelegenheit, Kunden stärker zu binden und den eigenen Service zu verbessern.
Verkehrsbehinderungen	Ich werde zu spät kommen und mit meiner Arbeit in Verzug geraten.	Ich könnte die Extrazeit nutzen, um die verbleibende Woche zu planen.
Feedback des Vorgesetzten	Ständig kritisiert er mich. Er hält mich für einen Nichtsnutz.	Feedback ist der Kraftstoff der Sieger. Mein Vorgesetzter will mir helfen, mich zu verbessern.
Entgangenes Geschäft	Das passiert mir ständig. Ich schaffe es nie, meine Ziele einzuhalten.	Jedes entgangene Geschäft bringt mich dem nächsten Geschäft näher. Ich lerne aus dieser Erfahrung und bin das nächste Mal besser.
Besuch einer Fortbildung	Fortbildung ist Zeitverschwendung. Ich weiß die Zeit sinnvoller zu nutzen.	Vielleicht lerne ich etwas, was mir hilft. Es ist gut, dass mein Unternehmen mich zu schätzen weiß.
Papierkram/Verwaltungstätigkeiten	Das ist totale Zeitverschwendung. Unnötig und unter meiner Würde.	Jeder muss den Papierkram erledigen. Ohne geht es nicht. Man muss die Dinge auch zu Ende führen.

TIPP **Wenn jemand in Ihrem Team eine Ansicht mit negativer Wertung äußert, sollten Sie nachhaken: »Sind Sie sich absolut sicher, dass es sich genau so verhält?«**

Machen Sie sich zum Erfolgsanwalt

Ihre Gefühle und Ihr Motivationsniveau im Alltag hängen nicht zuletzt davon ab, wie Sie vergangene Ereignisse in Erinnerung behalten. Lernen Sie, sich mit positiven Erfahrungen zu identifizieren und von negativen zu distanzieren.

Zustandsbestimmung

Versuchen Sie, sich an eine Unterhaltung mit einem Bekannten aus der letzten Zeit zu erinnern. Erleben Sie dabei die Situation noch einmal, als ob sie jetzt stattfinden würde (Assoziierung), oder beobachten Sie sich von außen (Dissoziierung)?

- Im assoziierten Zustand erleben Sie das vergangene Ereignis, als ob es jetzt geschieht. Sie sehen, was Sie sahen, hören, was Sie hörten, und fühlen, was Sie fühlten. Eine Assoziierung ist gut, um positive Erlebnisse und Gefühle wieder wachzurufen. Zur Motivierung und zur Zielsetzung eignet sich der assoziierte Zustand besser.
- Im dissoziierten Zustand beobachten wir die Geschehnisse aus der Distanz. Dieser Zustand hilft uns, Feedback und Kritik zu verarbeiten und mit schmerzvollen oder traumatischen Situationen umzugehen.

An die guten Zeiten anknüpfen
Indem Sie an glückliche Erinnerungen anknüpfen und die damit verbundenen positiven Gefühle wieder wachrufen, können Sie Ihre Motivation erhöhen.

Nützliche TECHNIKEN

Es gibt Zeiten, in denen wir einen raschen Motivationsschub benötigen. Sie können lernen, sich selbst zu motivieren, indem Sie sich in einem assoziierten Zustand an positive Erfahrungen erinnern.

- Denken Sie an eine Zeit zurück, als Sie hundertprozentig motiviert waren.
- Schlüpfen Sie in die Haut Ihres früheren Ichs und erleben Sie die Situation noch einmal.
- Sehen Sie, was Sie einst sahen, hören Sie, was Sie hörten, und fühlen Sie, was Sie fühlten.
- Lassen Sie die positive Erfahrung mit allen Gefühlen lebendig werden.
- Kehren Sie gestärkt in die Gegenwart zurück.

Zustandsbewusstsein

Im Allgemeinen passen die Menschen in eine der vier nachfolgenden Kategorien. Indem Sie sich Ihren gewohnten Zustand bewusst machen, können Sie sich auch in andere Zustände versetzen und so Ihre Erlebnisqualität verbessern.

- Mit allen Erfahrungen assoziiert – Sie erleben gewaltige Hochs und Tiefs, weil Sie sich sowohl mit den positiven als auch mit den negativen Erfahrungen assoziieren.
- Von allen Erfahrungen dissoziiert – Sie können sich von schwierigen Situationen distanzieren, aber Sie erleben in so gut wie keiner Situation das volle Spektrum der positiven Emotionen.
- Von positiven Erfahrungen dissoziiert und mit negativen assoziiert – Sie sind vermutlich unglücklich, erinnern Sie sich doch an negative Erfahrungen in aller Deutlichkeit, während Sie die positiven Erfahrungen nicht an sich heranlassen.
- Mit positiven Erfahrungen assoziiert und mit negativen dissoziiert – Sie erinnern sich an positive Erfahrungen ungefiltert, während Sie sich mit negativen Erfahrungen distanziert auseinandersetzen und die Emotionalität durch Objektivität ersetzen.

Wer eine Gewohnheit sät, erntet einen Charakter; wer einen Charakter sät, erntet ein Schicksal.

Ralph Waldo Emerson

Motivieren Sie mit Bildern

Wenn Sie sich eine vergangene Erfahrung oder ein zukünftiges Ereignis innerlich vergegenwärtigen, wirkt sich das auf Ihre Gefühle dazu aus. Stärken Sie Ihre Motivation, indem Sie Ihre Wahrnehmung mittels geeigneter Bilder emotional »aufwerten«.

Verschiedene Elemente

Mit den Eigenschaften eines Erlebnisses verändert sich auch seine Qualität. Indem Sie an diesen Eigenschaften »drehen«, können Sie Ihre Motivation erhöhen, Dinge zu tun, die Sie andernfalls nur widerstrebend tun würden. Denken Sie an zwei Aufgaben, die Sie in der Vergangenheit zu lösen hatten. Die eine war möglicherweise nach Ihrem Geschmack, sodass Sie sie aus freien Stücken ausführten, während Sie die andere, die Ihnen weniger lag, vor sich herschoben, bis Sie keine Wahl mehr hatten. Die charakteristischen Eigenschaften der beiden Erfahrungen fühlten sich vermutlich sehr unterschiedlich an. Indem Sie diese Eigenschaften »verbessern«, verändern Sie Ihre innere Kodierung und die Art, wie sich das Ereignis für Sie anfühlt.

Nützliche TECHNIKEN

Denken Sie an eine Zeit zurück, als Sie absolut motiviert waren. Indem Sie mit verschiedenen Elementen dieses Bildes experimentieren, können Sie die Intensität dieses Gefühls verändern.

Probieren Sie aus, was für Sie am besten funktioniert:

- Sind Sie im Bild? Visualisieren Sie sich als Teil des Bildes.
- Wie groß ist das Bild? Dehnen Sie es auf Lebensgröße aus.
- Sehen Sie das Bild schwarz-weiß oder farbig? Verleihen Sie ihm lebendige Farben.
- Sind seine Klänge schwach oder intensiv? Drehen Sie die Lautstärke nach oben.
- Wie hell ist das Bild? Leuchten Sie das Bild kräftig aus.
- Ist es eine Fotografie oder ein Film? Bringen Sie Bewegung und Leben in das Bild, bis es Ihnen real erscheint.

Fallstudie: Eigene Erfahrungen umwerten

Vertriebsleiterin Melanie beherrschte alle Facetten ihres Jobs mit Ausnahme der Präsentation vor Kunden. Im Probedurchlauf hatte sie keine Probleme, aber vor »lebendigen« Kunden überfiel sie regelmäßig eine große Nervosität. Nachdem ihr Coach ihr beigebracht hatte, wie sie ihre mentalen Bilder von vergangenen und zukünftigen Ereignissen verändern konnte, gewann sie mehr Sicherheit beim Präsentieren.

- *Vor den Coachingsitzungen hatte Melanie die negativen Bilder im Kopf mit kräftigeren Farben versehen als die positiven.*
- *Indem sie ihre Fähigkeiten im positiven Visualisieren verbesserte, gewann sie mehr Selbstvertrauen.*
- *Sobald Melanie zuversichtlicher und erfolgreicher präsentierte, verbesserten sich auch ihre Resultate.*

Präsenz

Sehen Sie, wenn Sie über ein Ziel nachdenken, die Aufgabe (dissoziiert), oder visualisieren Sie sich selbst, wie Sie die Aufgabe lösen (assoziiert)? Von dieser Unterscheidung hängt es nämlich ab, welche Gefühle Sie mit einer Erfahrung verbinden. Wenn Sie sich vorstellen können, wie Sie das Ereignis tatsächlich durchleben, werden Ihre Emotionen sehr viel stärker sein. Indem Sie sich auf das angestrebte Resultat und seinen Nutzen konzentrieren, verstärken Sie Ihre Motivation. Eine klare Vision fördert auch die Entstehung einer positiven Geisteshaltung und einer Erfolgserwartung. Diese positiven Gefühle können Sie nutzen, um kurzfristig anstehende Aufgaben zu erledigen. Die Konzentration auf das Ergebnis öffnet Ihnen auch die Augen für Ressourcen und Gelegenheiten, die Sie Ihrem Ziel näher bringen. Diese Ressourcen sind nicht neu, sondern waren immer schon da, fallen Ihnen aber erst ins Auge, sobald Sie sich Ihre Ziele lebhaft vergegenwärtigen.

TIPP **Befreien Sie Ereignisse von negativen Assoziationen, indem Sie sich vollkommen dissoziieren.**

Zeit als Motivationsfaktor

Warum kommen manche Menschen immer zu spät, während andere stets pünktlich sind? Warum gehen manche Menschen in ihren Projekten auf, während andere lediglich versuchen, sie möglichst rasch hinter sich zu bringen? Das Verhältnis zur Zeit ist ein wichtiger Motivationsfaktor.

Unterschiedliche Zeitvorstellungen

Die einen Menschen leben »in« der Zeit und nehmen ihr Verstreichen gar nicht wahr, die anderen gehen »durch« die Zeit und planen oder organisieren sehr viel mehr. Wer professionell motivieren will, muss die Persönlichkeiten und Merkmale dieser beiden Typen kennen. Wie jemand Zeit begreift, zeigt sich unter anderem darin, wie er mit schwierigen Situationen umgeht, Besprechungen leitet, Projekte organisiert, Entscheidungen trifft, sich Ziele setzt oder Ziele anstrebt.

»In der Zeit stehen«

Wer »in der Zeit steht«, lebt für den Augenblick. In Besprechungen oder in der gemeinsamen Projektarbeit sind solche Menschen »voll anwesend« und schwer abzulenken. Sie haben die Tendenz, sich in der Zeit zu vertun und zu spät zu kommen, und sie tun sich schwer, Besprechungen oder Telefongespräche zu beenden. Sie möchten sich ihre Optionen offen halten und sind in der Regel keine guten Planer.

Think SMART

Menschen an beiden Extremen des Zeitspektrums bereiten ihren Unternehmen bisweilen Probleme, und Sie müssen ihre Situation sorgfältig untersuchen.

Es ist möglicherweise nicht klug, einem »in der Zeit stehenden« Menschen ein Projektmanagement mit vielen kleinen Checklisten anzutragen oder einen »durch die Zeit gehenden« Menschen eine Präsentation ohne festgelegten zeitlichen Rahmen halten zu lassen. Passen Sie Ihren Führungsstil stets an die Einzelpersonen und ihre Erfordernisse an.

Welcher Zeittyp sind Sie?

Welchem Zeitbild Sie selbst folgen, lässt sich einfach feststellen. Überlegen Sie, welche der nachfolgenden Aussagen auf Sie am ehesten zutreffen:

»In der Zeit«	»Durch die Zeit«
Sie sind häufig überrascht, wie viel Zeit vergangen ist, seitdem Sie das letzte Mal auf die Uhr geschaut haben.	Sie wissen meist recht gut, wie spät es ist.
Sie bevorzugen die spontane Entscheidung und halten sich Ihre Optionen möglichst lange offen.	Sie planen und bereiten sich vor; Sie treffen Entscheidungen im Voraus.
Sie verspäten sich häufig.	Sie sind in der Regel pünktlich.
Sie jagen ständig hinter Terminen her.	Sie kennen Ihre Termine und planen rechtzeitig, um sie einzuhalten.
Sie bleiben häufig in Gesprächen hängen.	Sie beenden Gespräche, um mit der Arbeit fortzufahren.
Ihr Tagebuch ist chaotisch/Sie führen kein Tagebuch.	Ihr Tagebuch ist gut strukturiert.
Sie warten ab, was passiert, und lassen sich treiben.	Sie planen Ihre Tage schriftlich und im Geiste und führen den Plan auch aus.

»Durch die Zeit gehen«

Wer »durch die Zeit geht«, pflegt ein viel bewussteres Verhältnis zur Zeit. Menschen dieses Typs verwenden häufig Planungswerkzeuge wie Tagebuch und Kalender. Sie regen sich regelmäßig über Menschen des entgegengesetzten Typs auf, die sie für unorganisiert halten. Sie halten Termine in der Regel ein und haben kein Problem damit, Besprechungen zur festgelegten Zeit zu beenden. Unordentliche Umgebungen können sie ablenken. Auf Menschen des anderen Typs wirkt ihre Beziehung zur Zeit fast krankhaft.

TIPP Überlegen Sie, zu welchem Zeittyp Ihre Teammitglieder gehören und wie Sie diese Information nutzen können, um ihnen zu mehr Leistung zu verhelfen.

Positive Anker setzen

Fühlten Sie sich jemals vom Klang einer Musik an ein bestimmtes Ereignis erinnert? Natürliche Anker verknüpfen bestimmte mentale Zustände mit einem externen Auslöser oder Stimulus wie beispielsweise einem Geruch, einem Klang oder einem Ort.

Negative Reaktionen durchbrechen

Potenziell negative Anker sind an Ihrem Arbeitsplatz vermutlich bereits vorhanden und müssen entfernt und durch positive Anker ersetzt werden. Negative Reaktionen gibt es häufig in Bezug auf Gruppenbesprechungen, Zielmarken, Gespräche hinter verschlossenen Türen, Managerverhalten und schlecht formulierte E-Mails. Die meisten negativen Reaktionen lassen sich problemlos durch positive ersetzen – in der Regel reichen ein paar Überlegungen und kleinere Verhaltensänderungen, um dem negativen Anker den Boden zu entziehen.

Negative Anker ersetzen

Wenn Besprechungen unproduktiv verlaufen und die Mitarbeiter an Inhalt und Ergebnis nicht interessiert zu sein scheinen, hilft es unter Umständen, wenn Sie mit einigen einfachen Schritten das Muster durchbrechen und die negativen Reaktionen ersetzen, indem Sie:

- Zeit und Ort der Besprechungen variieren,
- die Sitzordnung verändern,
- Inhalt und Form der Besprechungen variieren,
- die Mitarbeiter stärker einbeziehen,
- einen Gastredner hinzuziehen,
- aktiver auftreten.

Konzentrieren Sie sich auf positive Ergebnisse und eine konstruktive Entwicklung. Wenn Sie alle problematischen Fragen außerhalb der Besprechungen klären, werden Sie feststellen, dass Sie neue, positive Assoziationen schaffen können, sodass Ihre Besprechungen vor Energie, Enthusiasmus und Kreativität strotzen.

Iwan Pawlows Experiment

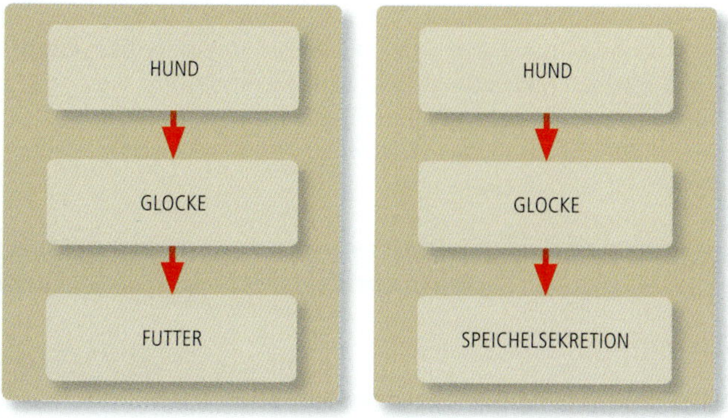

Konditionierter Reflex Pawlow experimentierte mit Hunden, indem er stets gegen eine Glocke schlug, wenn die Tiere Futter bekamen. Sie begannen die Glocke mit Futter zu assoziieren. Nach einiger Zeit produzierten sie verstärkt Speichel, sobald die Glocke ertönte. Sie reagierten lediglich auf den Stimulus.

Positive Anker setzen

Die Fähigkeit, neue positive Anker zu setzen, um sich und andere zu motivieren, ist ein effektives Managementinstrument.

- Denken Sie an eine Zeit, als Sie hundertprozentig motiviert waren und die Situation voll im Griff hatten.
- Wählen Sie ein Wort, ein Bild und eine Geste, um jene Gefühle zusammenzufassen.
- Vergegenwärtigen Sie sich jene Zeit und sprechen Sie dabei das Wort, visualisieren Sie das Bild und machen Sie die Geste.
- Üben Sie die Vergegenwärtigung dieser Gefühle, bis sie fest mit Wort, Bild und Geste verknüpft sind.
- Jetzt reicht es, das Wort, das Bild oder die Geste zu zitieren, um auch die Gefühle wieder wachzurufen.

Möglicherweise beherrschen Sie diese Ankertechnik irgendwann so gut, dass Sie jederzeit die mit einer beliebigen Situation assoziierten negativen Gefühle durch herbeizitierte positive Gefühle überschreiben und positiv auf das Geschehen reagieren können.

TIPP **Je intensiver das Gefühl, an das Sie anknüpfen, desto kräftiger wird der Auslöser.**

Zusammenfassung: Effektiv motivieren

Wenn Sie richtig gut motivieren wollen, müssen Sie sich die Inspirationskraft und die Energie der großen Motivationskünstler zu eigen machen. Finden Sie heraus, was andere motiviert, indem Sie ihre Nähe suchen, in ihre Haut schlüpfen und ihre Gefühle verstehen. Wenn Sie in Ihrem Leben erfolgreich sein wollen, müssen Sie lernen, sich mit Erfolg zu assoziieren.

Motivation aufrechterhalten

1 Richten Sie Ihre Antennen auf die anderen

- Lernen Sie, nonverbale Kommunikation zu entschlüsseln
- Berücksichtigen Sie die Motivationsfilter der Menschen

2 Verwenden Sie individuelle Filter

- Vergleichen Sie die Bedeutung von Informationen für unterschiedliche Menschen
- Sprechen Sie die richtige Sprache

3 Assoziieren Sie sich mit Erfolg

- Werden Sie sich Ihres Zustands bewusst
- Erhöhen Sie Ihre Motivation durch Assoziation mit positiven Erfahrungen

Machen Sie sich mit den unterschiedlichen Zeitvorstellungen vertraut → Schaffen Sie positive Assoziationen

Geben Sie Feedback unter Berücksichtigung der individuellen Wahrnehmungsfilter → Verleihen Sie schwierigen Situationen eine positive Bedeutung

Stärken Sie Ihre Motivation mit Bildern → Nehmen Sie sich wahre Motivationskünstler zum Vorbild

Orientieren Sie sich an Vorbildern

Wer motivieren will, sollte sich an der Inspirationskraft und Energie der größten Motivatoren dieser Welt ein Beispiel nehmen.

Durch Nachahmung lernen

Anderen etwas abzuschauen, ist eine gute Strategie, um erfolgreich zu sein, aus der Bequemlichkeitszone auszubrechen, kreativ zu denken, neue Fähigkeiten zu erwerben, Strategien zu studieren und zu entwickeln und die eigene Motivation zu fördern. Nachahmung ist eine unverzichtbare Erfolgsvoraussetzung; und je mehr Zeit Sie damit verbringen, desto wirkungsvoller wird sie als Werkzeug. Konzentrieren Sie sich auf Fähigkeiten, Verhaltensweisen und Imitation anstatt auf bewusste Rationalisierung. Kinder lernen aufgrund ihrer unersättlichen Neugier und Offenheit in phänomenaler Geschwindigkeit.

Nützliche TECHNIKEN

Wenn Sie eine Fähigkeit oder eine Strategie benötigen, um mit einer bestimmten Situation zurechtzukommen, sollten Sie sich jemanden zum Vorbild wählen, der die für die betreffende Situation geeigneten Überzeugungen und Werte mitbringt.

- Beobachten Sie Ihr Vorbild bei der Verrichtung der entsprechenden Tätigkeit. Schauen Sie sich an, was diese Person tut und sagt und wie sie auf die Menschen in ihrer Umgebung reagiert. Achten Sie auf die Details und die verwendeten Prozesse.
- Stellen Sie Fragen, um zu verstehen, warum Ihr Vorbild tut, was es tut: »Warum tun Sie das? Was dachten Sie, als Sie das taten? Was halten Sie von ...?«
- Spielen Sie Ihr eigenes Vorbild und versuchen Sie sich selbst an den Aufgaben, damit Sie wissen, wie es sich von seiner Warte aus anfühlt.
- Verfeinern Sie die zentralen Aufgabenkomponenten und fragen Sie so lange, bis Sie die Aufgabe effektiv verrichten können.

Fallstudie: Ein neuer Ansatz

Lauren, eine junge Vertriebsleiterin, hatte verschärfte Umsatzvorgaben erhalten. Mit ihrem neuen, praxisunerfahrenen und unmotivierten Team erreichte sie jedoch nicht einmal die alten Vorgaben. Lauren wusste, dass ihre Überzeugungen, Einstellungen und Verhaltensweisen für ihren Erfolg nicht gerade förderlich waren, wusste aber nicht, was sie tun sollte. Nachdem sie mit einem Vertriebsleiter gesprochen hatte, der zuvor ähnliche Schwierigkeiten durchgemacht hatte, konnte sie die nötigen Veränderungen vornehmen, um ihr Team stärker zu motivieren.

- *Lauren wusste, dass sie sich an anderen orientieren musste, die ähnliche Situationen bereits erfolgreich gemeistert hatten.*
- *Sie investierte Zeit, um die richtigen Strategien ausfindig zu machen, zu verstehen und umzusetzen.*
- *Sie war offen genug, um auf Feedback zu hören und einen neuen Ansatz zu wagen, der ihr half, die Zielvorgaben einzuhalten und ihr Team zur Zusammenarbeit mit ihr zu motivieren.*

Suchen Sie sich ein passendes Vorbild

Spitzenperformer sind davon überzeugt, dass sie auch erreichen können, was ein anderer bereits erreicht hat. Überlegen Sie, wer sich Ihnen als Vorbild anbietet. Sie können für unterschiedliche Fähigkeiten, Strategien und Situationen unterschiedliche Vorbilder auswählen. Dabei muss es sich nicht um Personen handeln, die Sie schon kennen – Sie können in Büchern, im Internet und im Fernsehen suchen.

Verbringen Sie Zeit mit Ihrem Vorbild

Im Idealfall handelt es sich bei Ihrem Vorbild jedoch um jemanden, den Sie bei der Arbeit beobachten können. Wählen Sie jemanden, der in seinem Bereich Spitzenleistung hervorbringt. Bestimmen Sie seine Qualität, indem Sie ihn mit Kollegen vergleichen und nach Zeichen großer Souveränität Ausschau halten. Ihre Erfolgsaussichten steigen, wenn Sie Ihre Ambitionen so hoch wie möglich ansetzen.

TIPP **In einer schwierigen Situation sollten Sie sich fragen: »Was würde ... (Ihr Vorbild) tun?«**

Register

Bildnachweis

Der Verlag dankt den nachfolgend Genannten für die freundliche Erteilung der Abdruckgenehmigung.

Abkürzungen: (M) = Mitte, (r) = rechts, (l) = links, (u) = unten, (o) = oben

1: Tony Metaxas/Asia Images/Getty (l), Meeke/zefa/Corbis (M), Randy Faris/Corbis (r); **2:** BanaStock/PunchStock/JupiterImages; **3:** Wide Group/Iconica/Getty (o), Chabruken/Taxi/Getty (M), Seth Joel/Photographer's Choice/Getty (u); **5:** Wide Group/Iconica/Getty; **7:** Liquidlibrary/Alamy; **8:** Marc Romanelli/The Image Bank/Getty (l), M. Thomsen/zefa/Corbis (Ml); Ashok Charles/Taxi/Getty (Mr), Wide Group/Iconica/Getty (r); **13:** Euan Myles/Stones/Getty; **14:** Meeke/zefa/Corbis; **21:** Marc Romanelli/The Image Bank/Getty; **26:** Logan Mock-Bunting/Reportage/Getty; **29:** PunchStock; **31:** Chabruken/Taxi/Getty; **33:** Steven Puetzer/Photonica/Getty; **42:** Zia Soleil/Iconica/Getty (ol), Michael Krasowitz/Taxi/Getty (ul), PunchStock (ur); **47:** M. Thomsen/zefa/Corbis; **51:** Chabruken/Taxi/Getty; **53:** Grove Pashley/Photis/JupiterImages; **56:** Michael Hemsley; **62:** Randy Faris/Corbis; **66:** Simon Marcus/Corbis; **73:** Michael Hemsley; **75:** Charles Maraia/Photonica/Getty; **77:** PM Images/The Image Bank/Getty; **83:** Wide Group/Iconica/Getty; **86:** Seth Joel/Photographer's Choice/Getty; **91:** Wide Group/Iconica/Getty: **93:** Wide Group/Iconica/Getty; **95:** Doug Landreth/Science Faction/Getty; **97:** Chabruken/Taxi/Getty (ol), Yellow Dog Productions/The Image Bank/Getty (or), PunchStock (u); **99:** Tom Grill/Iconica/Getty; **103:** Ross Whitacker/The Image Bank/Getty; **106:** Ashok Charles/Taxi/Getty; **115:** Johner Images/Getty.

Der Autor

Als Experte im Bereich Vertrieb und Motivation hilft GAVIN INGHAM seinen Klienten bei der Verbesserung ihrer Performance, indem er an die Stelle von Selbstzweifeln, Ängsten und mangelnder Motivation Selbstbewusstsein, Zuversicht und Tatendrang setzt. Ingham ist Autor und Herausgeber zahlreicher Audio- und DVD-Programme für Vertriebskräfte. Seine Produkte sind weltweit erhältlich und seine Seminare werden jährlich von Tausenden von Menschen besucht. Nähere Informationen zu seinen Programmen sowie kostenlose Materialien und Newsletter finden Sie unter www.gaviningham.com.